U0958754

低渗透油藏中高含水油井治理新工艺新技术

董立超　师　涛　刘　洋　王敏娜　陈志刚　著

哈爾濱工程大学出版社
Harbin Engineering University Press

内容简介

本书以侏罗系油藏为典型代表，全面论述了低渗透油藏地质特征、富集条件、油藏动力学等理论，并进一步系统地介绍了控水堵水技术、调剖技术、调驱技术、周期注水技术、暂堵技术等技术方法。

本书可供从事石油开采、地质勘探与开发的生产、教学和科研人员参考。

图书在版编目(CIP)数据

低渗透油藏中高含水油井治理新工艺新技术/董立超等著.—哈尔滨：哈尔滨工程大学出版社，2021.8

ISBN 978-7-5661-3209-3

Ⅰ.①低… Ⅱ.①董… Ⅲ.①低渗透油层-油田注水-油田开发-研究-中国 Ⅳ.①TE348

中国版本图书馆 CIP 数据核字(2021)第 163972 号

低渗透油藏中高含水油井治理新工艺新技术

DISHENTOU YOUCANG ZHONGGAOHANSHUI YOUJING ZHILI XINGONGYI XINJISHU

选题策划 包国印
责任编辑 刘凯元
封面设计 博鑫设计

出版发行 哈尔滨工程大学出版社
社　　址 哈尔滨市南岗区南通大街 145 号
邮政编码 150001
发行电话 0451-82519328
传　　真 0451-82519699
经　　销 新华书店
印　　刷 哈尔滨午阳印刷有限公司
开　　本 787 mm×1 092 mm 1/16
印　　张 8.75
字　　数 215 千字
版　　次 2021 年 8 月第 1 版
印　　次 2021 年 8 月第 1 次印刷
定　　价 40.00 元
http://www.hrbeupress.com
E-mail:heupress@hrbeu.edu.cn

前　言

石油是经济社会发展的重要战略资源，目前石油供需矛盾突出，已成为制约我国经济社会发展的瓶颈问题之一。对于低渗透油藏，由于其渗透率低，存在启动压力梯度、储层变形等因素的影响，开发效果和经济效益差，急需有效的开采方法和技术。近年来随着石油开采和资源供需形势的巨大变化，低渗透油藏越来越受到国际石油界的重视。我国低渗透油气资源分布广、储量大，在油气资源勘探和开发中占据着十分重要的地位。姬塬油田侏罗系油藏是典型的低渗透油气资源富集区，经过几十年的实践与研究，低渗透油藏开发的理论和技术取得了重大进展，并实现了规模开发，为低渗透油田开发、现代油田管理提供了成功案例。姬塬油田低渗透油藏勘探与开发经验证明，降压增产新技术的应用，是低渗透油藏开发成功的关键所在。

全书共 6 章，第 1 章介绍了侏罗系油藏、国内外开发现状及稳产面临的难题。第 2 章阐述了三叠系油藏水淹井治理，以“双向治理、压堵结合”为核心理念，对见水油层进行多段塞选择性堵水，封堵原有裂缝深部，运用重新射孔压裂或原层转向压裂技术实现裂缝转向造缝，从而达到动用侧向剩余油，提高油井产能的目的。第 3 章调剖技术，介绍了凝胶型深部调剖技术、冻胶型深部调剖技术、颗粒型深部调剖技术、泡沫型深部调剖技术、微生物深部调剖技术及其他深部调剖技术，论述了深部调剖配套工艺技术和堵水调剖剂的选材，探讨了高含水调剖技术的应用及效果评价。第 4 章至第 6 章分别论述了调驱技术、周期注水技术及暂堵技术。

本书在编写方式上力求反映低渗透油藏控水增油的新理论和新技术，在指导思想上突出低渗透油藏的“三低”（低渗、低压、低丰富）特点，特别是对复杂地表、地形条件下的压裂与暂堵技术的研究和应用，丰富和发展了传统的油藏形成机理，开拓了低渗透油藏措施新领域，具有很强的实用性，可为从事低渗透油藏研究的工作者提供参考。

由于时间仓促，编者水平有限，恳请广大读者对书中存在的不足之处提出批评和建议。

著　者

2021 年 4 月

目　　录

第1章　侏罗系油藏控水堵水技术

1.1　侏罗系油藏

姬塬油田侏罗系油藏是具有边底水的构造岩性油藏，储集层平均孔隙度为15%，渗透率约为$60 \times 10^{-3} \mu m^2$。该油藏开发过程中遇到的问题有：储层物性差，具有一定非均质性，在注水井剖面上吸水不均匀，吸水厚度变薄，注入水沿高渗段突进，造成部分油井含水上升快；油藏目前采出程度高，平面产液较为不均，部分井采液强度偏大，使得存水率下降，地层亏空，导致地层能量下降，使得部分油井含水持续上升；油藏多不连片，砂层薄，注采井网不完善，油井低产、低效等。这些问题严重地影响了姬塬油田侏罗系油藏的长期高效开发，需不断加强研究。侏罗系油藏油井含水持续上升，递减增大，区块开发形势变差，依靠老油田整体调整和常规方法挖潜提高采收率的难度越来越大，因此需要通过动态和静态资料的分析研究，总结开发特征及规律，并在此基础上制定合理的开发技术政策，同时有针对性地提出相应的治理措施，从而减缓油井的含水上升速度并降低油藏自然递减，提高采收率，改善油田注水开发效果，这对于油藏持续、高效开发并达到稳油控水的目的具有非常重大的实际指导意义。

1.2　国内外开发现状

油田开发实际上是能量消耗的过程，随着油田的不断开发，地层能量严重不足，这时常常采用一些人工补充能量的措施来保证油田的高产、稳产，目前采用的最重要的措施仍然是注水开发方式。我国大部分油田采用注水开发，已经有几十年的历史，由于油藏纵向上和平面上非均质，油水黏度差，以及开发过程中水动力场的不平衡，势必会造成注入水在纵向上的单层突进和平面上的舌进现象，使生产井过早见水，且含水率越来越高，产油量减少，采出程度低。特别是在高含水期，由于注入水的大量冲刷，水淹层中的胶结物、细颗粒砂被冲走，从而使其渗透率越来越高，以致造成特高渗透率条带（即所谓大孔道或特大孔道），此时采出程度较低，大量的剩余油残留在油藏中。注水开发从20世纪40年代兴起，到20世纪50年代已迅速成为普遍工业性油田的一种主导开发方式。该方法的普遍使用，使油田开发方式发生了历史性的变革。

1.3 稳产面临的难题

1.3.1 侏罗系油藏边底水发育，采出程度高，含水差异大

1987 年，老区侏罗系全面投入开发，随着开发时间的延长，油藏采出程度达到 20.5%，底水及油水界面抬升，综合含水 78.3%，进入“双高”开发阶段，控水稳油难度大。例如，D1C2 油藏，随着累计采出的增大，油水界面抬升速度增至 0.2 m/a。

1.3.2 井筒复杂，套破等因素造成产能损失，储量失控

吴起油田侏罗系油藏受套管腐蚀、错断等因素导致套破井 6 口，损失产能 14.46 t，造成井控能力下降，储量失控，制约了油藏开发效果。

1.3.3 油藏水驱不均，注入水突进造成含水上升

注入水沿砂体主向突进，造成油井含水上升。D2 油藏油层横向变化大，平面非均质性强，注入水沿河道砂体主向突进，易导致油井含水上升。A1、A2 等 3 口井受注入水单向突进，含水上升。

第 2 章　三叠系油藏水淹井治理

2.1　三叠系油藏堵水思路

以“双向治理、压堵结合”为核心理念，对见水油层进行多段塞选择性堵水，封堵原有裂缝深部，运用重新射孔压裂或原层转向压裂技术实现裂缝转向造缝，从而达到动用侧向剩余油，提高油井产能的目的。多段塞堵水技术示意图如图 2－1 所示，堵水压裂转向示意图如图 2－2 所示。

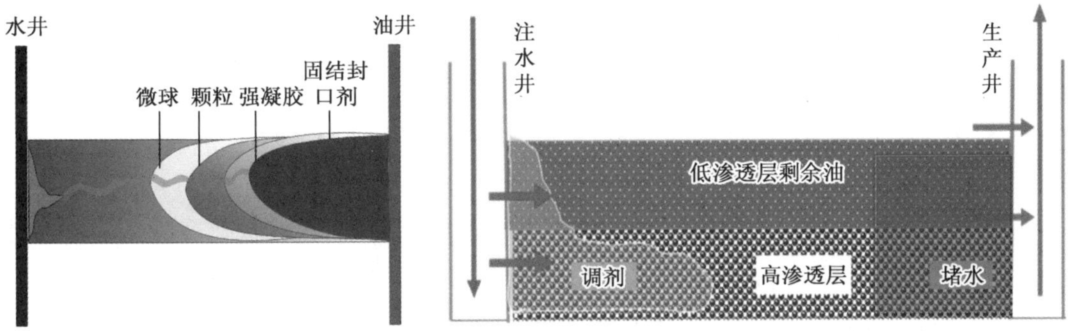

图 2－1　多段塞堵水技术示意图

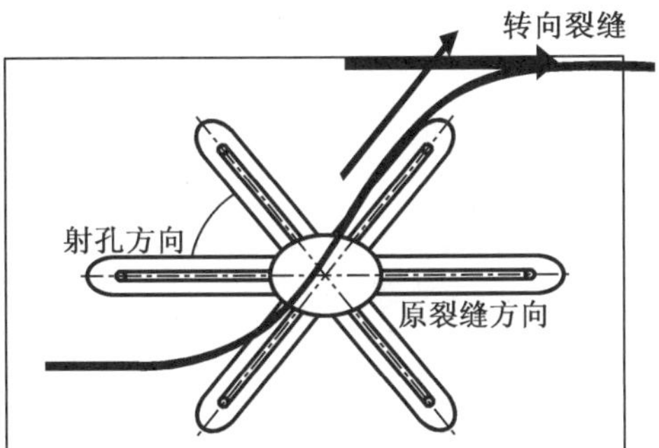

图 2－2　堵水压裂转向示意图

2.1.1　堵水工艺体系革新优化

对比 2019 年前，科研人员从堵水半径、体系配方、段塞复合、堵水规模等方面，对堵水工艺进行了全方位改进，增加了聚合物微球/PEG 远端裂缝和基质封堵，平均堵水规模由 100 m^3 增加至 500 m^3 以上，形成了“多段塞、大剂量、小排量、小砂量、小压裂”的堵水压裂工艺技术体系。2019—2020 年堵水压裂革新见表 2－1。

表 2－1　2019—2020 年堵水压裂革新

优化类别	工艺改进前	工艺改进后	目的
堵水半径	堵剂用量 100 m^3 左右	在优化模拟的基础上，增加堵剂用量至 500 m^3 以上	加大封堵半径
注入工艺	单一堵剂注入	选择性堵剂段塞注入，远端封堵＋近段封堵(复合段塞封堵)，增加封堵强度，过顶替留出出液通道	提高裂缝封堵强度
工艺参数	大排量凝胶注入	小排量注入，微球调驱，提高水驱效率	封堵远端，封堵效果更好

2.1.2　堵水压裂参数不断优化

2020 年，科研人员在段塞设计、注入工艺、射孔工艺等方面，进行优化调整，适当减少微球用量，加大凝胶堵剂和封口剂用量。2020 年共实施 5 口井，平均单井日增油 1.58 t，含水率下降 55.5%，与 2019 年相比，堵水效果提升。2020 年堵水压裂参数优化见表 2－2。

表 2－2　2020 年堵水压裂参数优化

工艺内容	优化项目	2019 年方案设计	2020 年方案设计
段塞设计	PEG－1 凝胶	注入量 200 m^3	注入量 150～200 m^3
	聚合物微球	注入量 100 m^3，粒径 100～500 nm	注入量 100～150 m^3，粒径 50～100 nm
	弱凝胶	注入量 200 m^3	注入量 400 m^3
	凝胶	无	增加 70 m^3，浓度 0.3%
	封口剂	注入量 30 m^3	注入量 50～70 m^3
注入工艺	施工设备	调剖泵	压裂车(视动态情况定)
射孔工艺	射孔方式	常规射孔	定向射孔
压裂工艺	施工排量	1.0～1.4 m^3/min	0.8～1.0 m^3/min

2.2　堵水压裂工艺技术

2.2.1　堵水压裂选井标准

对动态和静态资料叠合分析，充分考虑储层地质特征、井网注采动态、采出程度、邻井生产情况等多个参数，建立了选井标准。

选井标准为井网完善、位于油藏中部、裂缝性水淹、见水方向较明确、见水时间较短（ <12 个月）、储层物性较好（ ≥0.5 mD）、初期产量高（ ≥2.0 t）、采出程度低（ <5 000 t 或低于邻井 70%）、邻井生产稳定、整体含水率低（ <50%）、厚度大（ ≥15 m）。

2.2.2　工艺方案设计

初步设计形成了多级复合段塞堵水压裂、堵水转向压裂和堵水定向/定点压裂 3 种堵水增产工艺技术，如图 2 –3 所示。

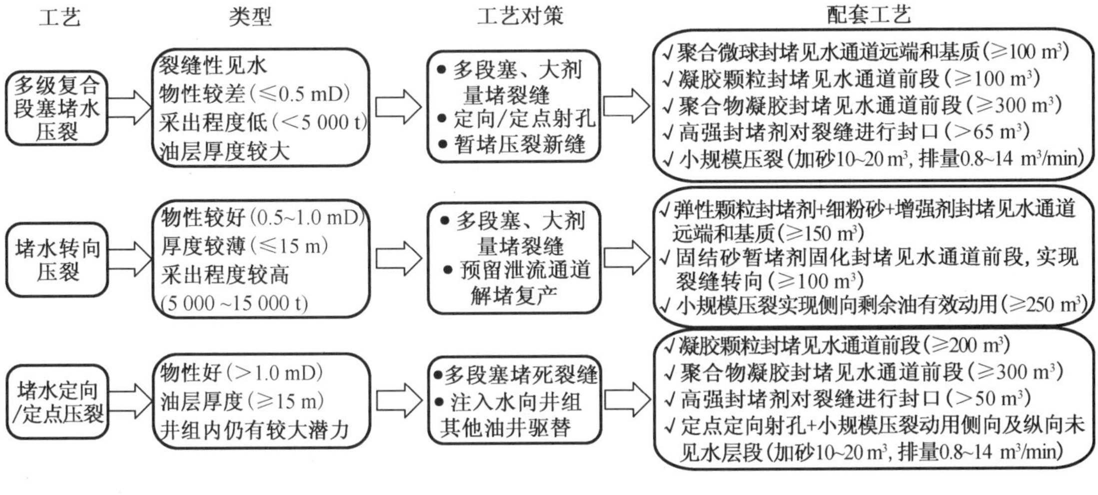

图 2 –3　水淹油井总体治理方案

2.2.3　裂缝性油藏堵水压裂工艺参数设计

以“大剂量堵水、小规模压裂”为理念，以四段塞复合堵水工艺为主，实现主缝、支缝、末端的全部封堵，然后实施小规模压裂，避免压开已封堵的老裂缝，达到降低含水的工艺目的。裂缝性油藏堵水压裂工艺参数设计如图 2 –4 所示。

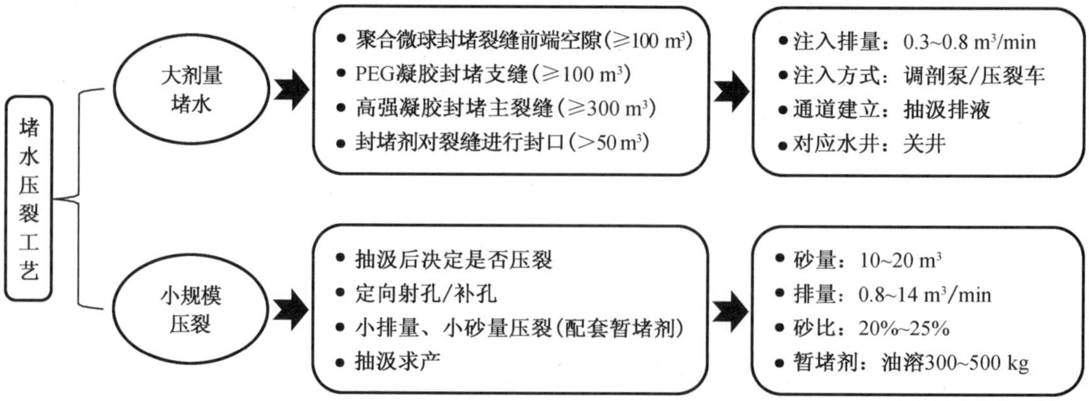

图 2-4　裂缝性油藏堵水压裂工艺参数设计

2.2.4　堵水压裂作业程序

堵水压裂作业工序复杂,施工周期长,施工质量要求高。根据相关经验总结形成了堵水压裂工艺技术五步法标准施工程序,如图 2-5 所示。

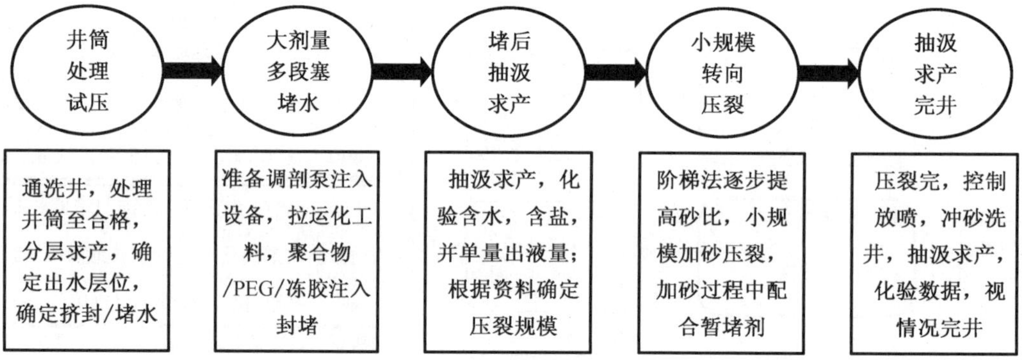

图 2-5　堵水压裂工艺技术五步法

第 3 章　调剖技术

调剖技术在我国已发展了近 70 年,油田现场应用的化学剂由油井近井堵水发展为注水井深部调剖,油田的目标导向也逐渐由近井物理屏蔽发展为深部区块综合治理。21 世纪以来,经过多年的水驱,油藏储层的非均质性逐渐加剧,流体流度的差异性也逐渐增大,导致地层中形成高渗层、大孔道,水流优势通道明显,注水井注水后窜流、绕流问题突出,无法有效启动中低渗层的剩余油,导致油田产量降低,采出液含水率大大升高。目前,不论从施工工艺还是经济有效性来说,常规调堵技术的缺点都尤为突出,油田现场越来越多的技术难题推动着深部调剖技术不断发展。

3.1　调剖技术研究现状

深部调剖技术的理念来源于困扰现场多年的近井堵塞难题,将“调”和“剖”融为一体,在地层深处作用,因此也称为深部液流转向技术。一般来讲,深部调剖技术的作用半径是普通调剖技术的 2 倍以上,其调剖有效率也更高,针对不同的储层情况处理的范围也不尽相同,对于高含水的区块可达井距的 1/3 左右,而在注水井裂缝较大区块一般在井距的 1/2 以上。但并非越深越好,由庆等发现在单位体积用剂进入深度为井距的 3/10 时会出现采收率峰值。深部调剖技术主要通过运用化学调剖剂来调节储层深部纵向和横向的矛盾,不仅能使水由高吸水量的高渗层向低吸水量的中低渗层间流动,以此来扩大波及系数,驱替因物理性质差异而形成的未波及、未动用的剩余油;而且也可在封堵两端压差的情况下向深部运移,使注入水在油层深处不断延伸,通过一整套动态过程有效提高油田采收率。与深部调剖技术相比,深部调驱技术的化学用剂更为复杂,兼具注入水增黏、原油减阻、油水混相和高渗透层堵塞等综合作用,但施工成本也会大大增加,更易受地层多重因素影响。

3.1.1　凝胶型深部调剖技术

从 20 世纪 80 年代开始,以水解聚丙烯酰胺(HPAM)为主剂的交联水凝胶在近些年的油田调剖堵水中发挥了重要的作用。油田现场常用的凝胶型深部调剖体系主要包括弱凝胶调剖体系、胶态分散凝胶调剖体系和预交联凝胶颗粒调剖体系。

1. 弱凝胶调剖体系

弱凝胶是一种由聚合物分子间相互交联形成的三维网状结构凝胶体系,聚合物主要包括阴离子型聚丙烯酰胺、黄原胶和甲基纤维素等,交联剂主要有 Cr^{3+}、复合有机柠檬酸铝交联剂和有机酚醛等。由于弱凝胶调剖体系成胶时间长且成胶强度小,调剖液在注入目的地前具有良好的可泵性,通过后续注入水的压力在孔道中可通过“暂堵—突破—再暂堵—再突破”的动态过程缓慢运移，发挥既“调”又“驱”的作用，实现油藏深部调剖。现场配制弱凝胶注入液所用主剂和交联剂浓度低，在油田大规模实际应用时经济可行，但该体系存在交联时间快、地层成胶效果差和温度适应性不强等问题。弱凝胶调剖技术最早在胜利油田得到了现场应用，随后在辽河油田、长庆油田和渤海油田等地的矿场试验也都取得了显著的效果。2010 年，针对辽河油田油藏层间与层内的矛盾，在油田现场实施了弱凝胶调剖与注采井网综合调整等配套工艺组合技术，油藏水驱开发效果良好，油井含水下降了 5%，措施期间累计增油 8.6×10^4 t。2011 年，高春宁等在 HC 油田 H2 区的 6 个井组开展了弱凝胶调剖先导试验，储层的吸水厚度和动用程度都略有提升，见效井达 20 口，累积增油3 447 t，有效改善了储层高含水环境。Pan 等从 2013 年开始，在渤南油田开展先导试验，2013 年至 2016 年间，周边 9 口生产井累计增油达 15.8×10^4 t。

2. 胶态分散凝胶调剖体系

20 世纪 90 年代，美国的 TIORCO 公司将胶态分散凝胶（Colloidal Dispersion Gel，CDG）技术应用于油田调剖，随后 CDG 技术进入快速发展时期。CDG 体系是由聚合物分子内部交联形成直径在 0.2 ~ 0.6 μm 的柔性胶体粒子的体系，在施工时用水作为分散介质注入地层，在地层环境下发生形变堵塞深部岩石缝道孔喉，从而使深部水在横、纵向延伸，提高原油采收率。该体系用量少、成本低、自身粒径小，可进入地层深部，但对于该体系的深部调剖能力，因地层情况多变、注入时损失严重，在高温、高盐油藏下耐受能力不够，制约其进一步的发展。20 世纪 90 年代中后期，国内如中国科学院、中国石油勘探院等多家科研院所对该体系展开了深入的研究，大庆、胜利孤东、华北和中原马寨等大油田也陆续开展了先导试验。Chang 等 1995—2003 年在大庆油田进行了首次大规模 CDG 技术中试，中试结果表明：CDG 技术可以有效调节渗透率变化，提高体积波及系数，在中心采区的应用使得原油采收率达到 10.5%。魏翠华等针对胜坨油田高温、高盐的油藏条件，采用聚合物 KYPAM + 交联剂 Cr^{3+} 胶态分散凝胶驱油体系，以 CDG 数值模拟软件 FAPMS 优化注入方案，采用三段塞注入，提高原油采收率 7.1%，增产油量 11.4×10^4 t。张还恩在 2005 年采用低浓度三元共聚物和复合有机交联剂制备了耐温 90 ℃、耐盐 2×10^5 mg/L（其中 Ca^{2+}、Mg^{2+} 含量 5 000 mg/L）的 CDG 体系，在中原油田 W 井组先导试验区采用三段塞注入开展 CDG 试验，调剖后井组平均日增油 7 t，采出液含水率平均下降了 3%，评价期内持续增油 800 t 以上，采收率提高 8.2%。国外如美国、加拿大和南美的诸多国家也广泛应用 CDG 技术，如阿根廷的 Loma Alta Sur 油田 LAS－58 区块开展 CDG 化学剂与配套工艺技术，从 2005 年 11 月到 2007 年 10 月，原油累计生产 21 194 t，增油效果明显。

3. 预交联凝胶颗粒调剖体系

预交联凝胶颗粒（PPG）是一类由聚合物先交联后颗粒化形成的吸水树脂颗粒，具有良好的吸水膨胀性能，因此也称为水膨体。PPG 通常用于对强非均质地层进行调剖堵水，对油水具有选择性，在孔道移动时颗粒吸水膨胀，膨胀体积可达自身几倍至几十倍，且吸水后的弹性体具有良好的保水效果，但遇油则基本无变化。PPG 在地层环境及地层水的剪切作用下可弹性变形，进入深部储层，从而实现深部动态调剖的目的。PPG 调剖体系存在颗粒吸水膨胀速率过快而导致的注入压力高、深部运移能力差，以及不耐冲刷等问题，不宜在高温油藏中使用。PPG调剖体系自1997年由中石油勘探院提出后,先后在国内的大庆兴北、中原文南、胜利及长庆等油田得到广泛应用,但因后期单独使用PPG的矿场作用效果下降,因此又逐渐结合矿场条件综合采用“PPG+弱凝胶”等复合调剖技术和支化改性技术段塞注入,用以增强PPG的处理效果,稳定增油控水。

3.1.2 冻胶型深部调剖技术

冻胶对于油田注水井调剖及油井堵水技术的发展意义重大。冻胶体系为凝胶体系的一种,其含液量高(通常为体积分数的90%以上),强度也更大,受准静态应力作用时显示弹塑性体性质,在弹性极限内受交变应力作用时显示黏弹性体性质。其转变方式可由化学键或物理键交联成胶,且多为地下交联,在国内外现场都有较多应用。

1. 聚合物冻胶调剖体系

聚合物冻胶调剖体系一般是由分子链中含有活性羧基、酰胺基等基团的水溶性聚合物高分子与交联剂铝合物、铬合物、钛合物、锆合物等高价金属离子或低分子醛类组成。在地层孔缝流动过程中随着温度的升高,交联剂缓慢释放,主剂聚合物交联聚合,将大量水包裹在网格结构中形成具有复杂立体网络结构的弹性冻胶。在形成物理堵塞的过程中,会降低高渗透区域的渗透率,使储层的非均质性得以改善,同时注入的体系也会保留一定的岩石吸附与杂质捕集作用,从而增大残余阻力,有效增强调剖效果。冻胶体系的黏弹性好、成本较低、操作便捷,但在耐温、抗盐方面还有待提升。出于深部调剖的需要,配方上要有效控制成胶时间与成胶强度之间的关系及储层条件的耐受能力,以段塞工艺提升远井调剖能力。自20世纪七八十年代以来,冻胶调剖剂在国内蓬勃发展,东部以大庆、胜利为代表的大型油田及中西部的中原、克拉玛依油田等基本都进行了从浅调到深调的矿场试验,作用效果显著。国外如科威特的WFR油田、美国堪萨斯州中部的Arbuckle油田的现场应用减水增油效果明显;哈萨克斯坦Kenkiyak油田盐上油藏在现场试验结束后对比发现调剖前后的投入产出比可达1:2.2,经济回报良好。

2. 热致可逆冻胶调剖体系

1967年,Scarpa首次发现了聚N-异丙基丙烯酰胺(PINPAM)的温度刺激响应特性,随后在1978年Tanaka合成了温敏性水凝胶,自此推进了环境刺激响应凝胶的发展。在石油提高采收率方面,热致可逆冻胶调剖剂一般是由疏水缔合聚合物(改性聚丙烯酰胺或纤维素醚等)溶液和颗粒型、聚合物微球型调剖剂组成的复合冻胶体系,因疏水缔合聚合物的热致可逆性,在一定温度下(低临界温度)分子链收缩缔合,缠绕成立体空间结构,可用于深层调剖,阻止水窜流作用明显,但其耐受性不好,因此体系的复合使用可提高调剖剂对孔道封堵的作用,增强其耐冲刷等性能。国外较先研究出热可逆调堵体系,并于20世纪90年代在West Siberia等油田使用,有效提高了原油采收率;国内如长庆油田的南北杰等在2008年基于室内实验研究将复合深部调剖体系应用于靖安油田现场12口注水井,日产油增加14.36 t,而含水率降低7.7%,有效解决了水驱效果差、产能损失严重等问题;2010年,李伶东等采用多复合体系在安塞油田长6油藏多个区块实施“大剂量-小排量-低压力-多段塞”的工艺措施，增油减水效果显著，对油藏稳产起到积极作用。

3.1.3 颗粒型深部调剖技术

颗粒型堵剂已在油田调堵作业中应用多年，从最开始的刚性体水泥、沉淀颗粒到近些年的柔性体聚合物微球，它的存在为油田调堵作业的顺利实施提供了保障。颗粒型堵剂成本低、封堵的强度及稳定性高，同时耐温、耐盐、耐剪切，在调剖堵水技术中占有重要一席。施工过程中的注入压力问题及地层孔喉和颗粒粒径之间的配伍性问题，对于颗粒型堵剂在油田中的应用极为关键。

1. 沉淀颗粒调剖体系

沉淀颗粒调剖体系在国内的应用较早，其主要是通过注入流体在孔道中反应形成颗粒状沉淀封堵地层，其按施工方式可分为单液法和双液法两类。单液法存在反应物一接触就沉淀的问题，为防止沉淀过早产生使得注入压力过大，需采用缓沉剂来抑制反应的过早发生。双液法通常是以化学剂 A—隔离液—化学剂 B 的方式分段塞注入后在地层条件下反应形成沉淀颗粒，从而对高渗层产生机械堵塞，通常用隔离液来防止反应的过早发生。常用的体系主要是水玻璃与 $FeSO_4$/$CaCl_2$/$MgCl_2$/HCl 的硅酸盐沉淀体系和在饱和电解质溶液（NaCl、$MgCl_2$ 等）中加入非电解质（乙醇等），使溶液中电解质的溶解度降低，部分电解质以盐沉析的形式析出，形成固体沉淀。但是沉淀颗粒调剖体系存在定位封堵性差、成胶韧性不足而只能进行笼统封堵的缺点。在 20 世纪 80 年代，赵福麟对沉淀颗粒堵剂进行了系统性分析，并在随后的 20 年内，利用双液法在胜坨、埕东油田和大港油田进行了多次矿场试验，油井增油成效显著。除此之外，大庆油田、冀东油田和塔河油田也对硅酸盐化学堵水技术进行了矿场试验，结果表明硅酸盐沉淀颗粒耐温、耐冲刷且封堵率高，现场作用良好。

2. 柔性覆膜颗粒调剖体系

考虑到无机刚性颗粒对整个储层的伤害，李子豪提出了一种功能型桥堵颗粒体系。该体系将一级刚性封堵材料和次一级软化材料相结合，使得刚性颗粒表面覆上一层致密的热溶胀树脂膜，该覆膜颗粒在地层窜流通道内通过“架桥—软化黏结—溶胀”形成稳定的桥堵，并在外界的压实作用下形成致密的堆积块，从而有效地阻止地层水的侵入。由于覆膜颗粒的树脂膜在注入地层的过程中易脱落，致使颗粒无法发挥黏结和溶胀的作用。孟祥海等提出了双层覆膜颗粒，内层为热溶胀交联树脂膜，外层为刚性树脂保护膜，有效避免了因内膜脱落而导致的封堵率下降的问题，对渗透率介于 $9\ 000 \times 10^{-3} \sim 15\ 000 \times 10^{-3}\ \mu m^2$ 岩心的封堵率大于 90%，实现了深源调堵作用。该体系在现场应用不多，2017 年李雪娇等在塔河油田 4 区西部 A42 井采取段塞工艺调剖措施，相应油井有效见油减水，预期的应用效果明显。

3. 聚合物微球调剖体系

聚合物微球是由聚合物单体交联并在一系列添加剂作用下合成的微纳米级弹性聚合物凝胶球体。其作用机理在于：柔性聚合物微球由流体介质首先注入大孔道地层，并在地层孔隙间以填充或架桥的形式封堵，使地层水转向低渗层；在地层环境的条件下，聚合物凝胶球体发生弹性形变并在压力差的推动下向深油层移动,发生边移动边变形边封堵的动态过程,在运移过程中不断改变油层中流体的方向,从而有效增大油藏深部油层的波及体积,提高采收率;在改变深水流向的同时微球表面的活性亲油基团会与周边岩石发生物理吸附作用,运移时携带剩余原油。该体系非常符合深部调剖的注入要求,且耐盐、耐剪切,但高温下易破碎。近些年,聚合物微球调剖技术在国内的长庆、新疆、吉林和中原等油田开展了矿场先导试验,实施效果良好。其中安塞油田在2016—2018年陆续试验404口井,评价期间增产 4.43×10^4 t,累计降水 9.81×10^4 m^3,起到了良好的调剖效果。

3.1.4 泡沫型深部调剖技术

泡沫型深部调剖体系根据组成的不同可分为多相泡沫和冻胶泡沫调剖体系。多相泡沫调剖体系由气、液、固三相及少量添加剂构成,主要通过三相泡沫在地层岩石孔喉运移时产生的贾敏效应封堵高渗透层,从而提高中低渗层的水驱效率。冻胶泡沫调剖体系由液相、气相与辅助药剂组成,液相是指聚合物交联溶液(通常会加入一些表面活性剂),气相指 N_2、CO_2 等,辅助药剂包括起泡剂、稳泡剂等,注入时溶液优先进入高渗层并通过外输气体发泡形成冻胶泡沫,从而达到调剖的目的。早在20世纪60年代,我国就已经开始泡沫型调剖技术的研究,并先后在东西部的多个主力油田进行了多次试验,现场经验得到了一定的积累。近些年来泡沫型深部调剖技术在国内外稠油油藏均有应用,在秦皇岛32-6油田5个注水井组实施氮气泡沫调剖措施,调剖后注水井井口压力明显上升,含水率下降2%~8%,含水上升势头得到了有效控制,5个井组累计增油 4.5×10^4 m^3;哈萨克斯坦KMK油田现场应用82井次,增产原油 3.88×10^4 t,取得显著效果;胜利油田的单56超稠油藏在实施氮气泡沫调剖措施后,氮气的注入压力由5.3 MPa增加到6.3 MPa,含水率由91.5%下降到81.3%,日产油由32.7 t上升到60.7 t。

3.1.5 微生物深部调剖技术

1926年,美国科学家Beckman首先研究了微生物在采油中的应用,随后经过多年的发展,微生物深部调剖技术已成为国内外油田经济适用的提高采收率的技术。微生物深部调剖技术一方面依靠生物菌种及其营养液在油藏地层大孔道中聚集黏结,代谢产物发挥生物化学作用,使岩石油膜剥离、润湿性改变;另一方面,微生物扩张的生长代谢物质也兼具驱油效果,可以有效降低原油黏度,提高原油采收率。该体系适合于高含水率、低矿化度和低温油藏,但菌种的选择性和适应性一直是微生物驱油技术的难题。早在20世纪70年代,北美、中东等地区的国家陆续将微生物应用于矿场;而国内则在20世纪90年代后才开始加快了微生物驱油技术的发展步伐。近些年,我国大庆、胜利、辽河、大港、冀东,以及西北新疆、塔里木等油田均开展了微生物在油田中的应用试验,共试井约2 000次。其中大庆油田截至2012年底,利用微生物驱油技术累计增油 1.2×10^5 t,单井微生物吞吐518口,取得了良好的效果。国外如美国俄克拉荷马州佩恩县油田、秘鲁西北部塔拉拉海上油田及北海油田也均有区域性试验实施,效果显著。

3.1.6 其他深部调剖技术

如何正确处理好油田开发过程中的废弃物料是世界各国均亟待解决的问题。近年来国内现场人员考虑到废弃物料的处理费用及油田开发的现状,相继开发出含油污泥调剖体系、废旧钻井液调剖体系和植物油脚调剖体系,为低成本废弃物的再利用打下了根基。

1. 含油污泥调剖体系

含油污泥是指在油藏开发过程中产生的大量油泥固体废弃物,其是以油泥泥浆为主的混合物,含有许多的有害化学物质。将含油污泥与调剖相结合是废物的再创造过程,其具有的优势是:①耐温、抗盐、耐剪切,本身来源于地层,不伤害储层;②节省处理费用,保护环境。含油污泥调剖体系是使用各种添加剂在地面上先配制乳化悬浮液,随后将悬浮液注入目标地层,在地层的剪切作用下乳化体系逐渐不稳定,释放出的油泥经相互吸附后聚结成团而对孔道造成封堵。该体系的抗温、抗盐、抗剪切能力良好,费用低,对于注水井的启动压力要求不高。从 2015 年至今,该技术在辽河、青海、玉门油田的油藏现场试验 96 井次,累计利用油泥 25.25×10^4 t,阶段增油 24 479 t,节约油泥处理费用 1.5×10^8 元,取得了较高的经济效益,且其配套施工工艺也在逐渐完善,今后还需大力发展。

2. 废旧钻井液调剖体系

废旧钻井液含有大量的油类、黏土、化学试剂和重金属类有毒、有害物质,若将其物质直接排放,对整个生态系统会造成巨大的伤害。因此,国内各大油田从自身需求出发,以降低调剖成本和减少环境污染为目的,开发出废旧钻井液调剖体系。废旧钻井液调剖体系是通过在废弃泥浆中加入添加剂,注入地层后先与岩石发生吸附作用,而后在添加剂的作用下形成固化聚集体,聚集体沉降于大孔道中对其进行封堵,以此来提高后续注入水的波及体积。2009 年,曹亚明等对冀东油田高浅北的 2 口注水井进行了废弃钻井液调剖体系的现场试验,其中 4 口对应油井明显见效,共增油 362 t。卓龙成等于 2016—2017 年,在苏北盆地 ZC 油田采用废弃钻井液调剖体系对 4 口井进行了试验,累计注入液达 10 487 m^3,共增产原油 358.23 t,节约处理费 419 万,经济效益显著。

3. 植物油脚调剖体系

油脚是指油脂精炼过程中水化脱胶的副产品,主要包括脂肪酸及脂肪酸甘油酯等天然化合物。天然油脂及其副产物具有生物可降解、污染小、可再生和来源广等诸多优点,在油田调剖堵水中使用可避免对储层造成永久性的伤害,为油田调剖堵水剂的研究提供了新的思路。植物油脚调剖体系的调堵方法为:①利用油脚与酸混合制备油脚交内酯化聚合物对地层孔隙进行封堵,该体系因使用强酸,只适合在低温下使用;②利用油脚中脂肪酸的羧基与高浓度的高价 Ca^{2+}、Mg^{2+} 金属离子配位络合聚集析出或絮凝,以析出或絮凝的颗粒来封堵地层,该体系适合于温度低于 150 ℃的油藏环境;③利用油脚与硫黄在地上或者地下反应制得硫黄交联的油脚橡胶对地层大孔道进行封堵,该体系适合在高温油藏环境中使用。对于植物油脚黄化橡胶体系的研究,目前还处于室内模拟试验阶段,缺乏现场试验,但提出的低成本物质再利用思路具有继续研究的价值。

3.2 深部调剖配套工艺技术

目前,通过对国内各大油田油藏特点的研究,总结出以下深部调剖配套工艺技术:

(1)高含水油藏地震描述技术,是通过对密集井网间地震资料的分析与研究推断出井间储集层的具体分布;

(2)油田调堵剂封堵大孔道数值模拟技术,是利用多学科交叉协作,如测井参数法、井口压降曲线检测技术、井间示踪技术和模糊综合评判法等开展大孔道识别研究;

(3)示踪数值模拟解释技术,是通过示踪剂的跟踪判断注入流体情况,解释储层参数;

(4)施工工艺设计技术,是通过对深部调剖剂注入方案的优选达到预期的施工目的;

(5)油井、注水井施工工艺配套技术,一般是通过控制地面智能泵注系统实现的,其自动化程度高,全天候连续注入,可实现大剂量深部调剖需求,可有效降低施工成本。

3.3 油田堵水调剖剂的研究进展

随着国内大部分油气田逐渐进入注水开发阶段,由于油藏地质构造的复杂性、地层内部结构的非均质性,使得油田在注水开采过程中,油井普遍见水。随着注水量的增加,注入水会很快沿着高渗透层突进,形成水流优势通道,使得注入水波及体积较小,油井产量下降。在注水井中注入调剖剂是国内外油田封堵高渗透层的主要方法。根据施工对象不同,堵水作业可分为生产井堵水和注水井调剖两大类,无论是堵水还是调剖,都使用化学堵剂。这类堵剂可分为颗粒型堵剂、泡沫型堵剂、树脂型堵剂和冻胶型堵剂。

3.3.1 颗粒型堵剂

颗粒型堵剂主要包括黏土、水泥和粉煤灰等无机颗粒,堵水方式主要以悬浮体的形式进入地层。由于地层渗透率的差异,颗粒堵剂会首先进入高渗透层和裂缝地带,增加高渗透层的渗流阻力,使注入水能够进入中低渗透层,增大注水波及系数,改善驱油效果,从而提高油田最终采收率。为了解决由于常规的石英砂粒径较大不能完全堵住裂缝的问题,刘雪峰等研制了一种简便的无机盐晶体型颗粒暂堵剂,即根据物质溶解度的差异,将一定量的氯化钠溶解后,加入氯化钙、氯化钾等无机盐反析出氯化钠晶体,并添加分散剂、稳定剂、缓蚀剂等助剂,使析出的氯化钠晶体颗粒能稳定地分散在溶液中,从而得到一种水溶性的无机盐晶体暂堵剂。该堵剂具有良好的抗温性,在岩心驱替和现场应用实验均具有良好的封堵能力。该堵剂原材料来源广泛,价格低廉,具有良好的应用价值。滕福景等针对超细水泥颗粒小、水化速度快、初凝时间比普通水泥短的问题,通过在超细水泥中加入纤维素类高分子 FD-2 和缓凝剂 HNJ 的方法使水泥的固化时间和固化强度得到显著改善;在抗压强实验中,探究出水泥堵剂的强度主要受 FD-2 溶液与超细水泥质量比影响,比值越小,固化后强度越高,温度对堵剂强度大的影响较小。堵剂体系固化时间受 FD-2 溶液与超细水泥质量比的比值和温度的影响较大,比值越小,温度越高,固化时间越短。在现场施工中可以通过调节缓凝剂 HNJ 的用量,调节堵剂的初凝时间。

3.3.2 泡沫型堵剂

泡沫具有遇油消泡、遇水稳定、对储层伤害较小的特点,同时它还是一种性能优良的表面活性剂,可以有效降低油水界面张力,被广泛用于油田堵水调剖作业中。李亮等通过对氮气泡沫调驱技术的研究,优选出了适用于塔河高温高、盐油藏的阴离子型发泡剂。该发泡剂在矿化度 200 000 mg/L、温度 130 ℃、老化 15 d 的条件下,泡沫半衰期还能维持 15 min,稳定性能显著。在岩心驱替实验中,探究油井含水率对采收率的影响,得出当生产井含水率在 80% ~90% 时,采收率最高;通过在不同渗漏率的填砂管测试氮气泡沫注入量、注入方式对油藏采收率的影响,得出当氮气泡沫的注入量是地层总孔隙体积的一半时,采收率最好;采用段塞方式注入的采收率要比连续注入方式的采收率高。在现场实际应用中,也取得了很好的成果,原油的含水率下降 10%,产油量增加 5%。李翔等通过对渤海油田使用的 SD 型起泡剂进行实验探究,优选出 SD 的最佳使用浓度;在渗透率为 $500\times10^{-3}\ \mu m^2$、原油黏度小于 100 mPa·s 的油藏条件下,配方 1.0% SD 型起泡剂 +0.1% 聚合物的泡沫堵剂体系,能够很好地降低生产井的含水率。针对渤海油藏以高渗层砂岩为主、储层孔喉尺寸较大的特点,张云宝等研发了由起泡剂、稳定剂(SiO_2 纳米颗粒)、氮气组成的三相泡沫堵剂体系,探究了起泡剂、稳定剂的浓度对泡沫的起泡体积、析液半衰期、泡沫半衰期的影响。实验结果证明,当起泡剂(FASD)浓度为 0.4%、稳泡剂浓度为 0.3%,泡沫的各项性能最优。研究人员同时考察了注入时机、原油黏度对泡沫堵水的影响,结果表明,油井含水率越高,泡沫堵水对高渗透层分流越好。原油黏度对泡沫堵剂的影响较大,是因为当原油黏度较高时,重烃和非烃物质组分含量较高,会降低起泡剂的含量,使泡沫稳定性下降。因此该堵剂体系适用于高含水、高渗透、原油黏度较小的油藏。邱红兵研制出一种适用于曙光油田一区稠油古潜山油藏的高温三相泡沫调剖体系,通过在油藏 13938 区块现场应用,在 2006—2008 年三年的时间里,区块油井累计增油 9 653 t,含水率下降 14.5%。陈启斌等用发泡剂十二烷基苯磺酸钠、交联剂醋酸铬、高分子聚合物聚丙烯酰胺制备了一种泡沫凝胶体系,这种体系具有用液量少、价格低廉、滤失量小、对储层伤害小等优点,探究了聚丙烯酰胺质量分数对泡沫凝胶质量的影响,以及气体流量对泡沫尺寸的影响。实验结果表明:随着聚丙烯酰胺质量分数的增加,泡沫凝胶的质量值逐渐增大,当气体流量控制在 60 mL/min,泡沫凝胶的平均尺寸能达到 0.72 mm,在实际应用中可以通过调节聚丙烯酰胺、气体流速控制泡沫凝胶的质量和尺寸。

3.3.3 树脂型堵剂

树脂型堵剂是指树脂与固化剂反应生成的具有网状结构的物质。油田常用的树脂是酚醛树脂和环氧树脂。通常油田在施工时,将热固性树脂与固化剂混合后同时注入地层,树脂在固化剂和地层高温条件的作用下,可固化成具有高强度的堵剂,将高渗透层堵住。树脂类堵剂因为其优良的性能,室温下黏度较低,易注入,固化后具有高强度、高韧性和耐腐蚀性,能够很好地封堵渗透率较大孔隙、裂缝、孔洞,被广泛应用于油田堵水作业中。杨彪等以环氧树脂作为封窜剂主剂、缩水甘油丁醚为稀释剂、TEA 为固化剂、硅烷偶联剂 KH-560 为增强剂,制备一种环氧树脂液体胶塞封窜堵剂体系。这种堵剂体系在室温下是液态,有较好的流动性,黏度较小,有较好的注入性,在地层高温和催化剂的作用下,又可固化成具有高强度、高韧性性能的堵剂。通过考察稀释剂加量、固化剂加量、KH-560 加量对封窜堵剂的成胶时间、成胶强度的影响,当缩水甘油丁醚的用量为 15%(占环氧树脂总量)、固化剂 TEA 用量为 10% 时,环氧树脂胶塞封窜堵剂的固化时间为 3 h,固化后的抗压强度可达到 20 MPa,封堵性能非常优良。当加入 3% ~4%(占环氧树脂总量)的增强剂 KH-560,环氧树脂胶塞的封窜性能可提高 2 倍左右,可见增强剂 KH-560 的加入可很好地增强堵剂的封窜能力。环氧树脂具有收缩率小、良好的黏结性能和耐腐蚀性等优点,但由于自身黏度过高,影响了它的使用。张文昌等合成了一种具有特殊结构的酚醛树脂作为固化剂,双酚 F 型环氧树脂为主剂、2-乙基-4-甲基咪唑为促进剂,制备了一种低黏度树脂堵剂。通过探究酚醛树脂固化剂的加量对堵剂体系黏度和力学性质的影响,实验研究发现,当加入酚醛树脂的质量分数占体系总质量的 80%,黏度可降到 50 mPa·s 以下;固化后,堵剂在温度 370 ℃时开始分解,具有很好的耐温性能。促进剂 2-乙基-4-甲基咪唑的加入可缩短体系的固化时间,可以通过调节 2-乙基-4-甲基咪唑的加量调节该体系的固化时间。正丁醇醚化酚醛-环氧树脂体系压缩强度可达 130 MPa,热稳定性优良,可以在地层高温条件下保持长期稳定。

3.3.4 冻胶型堵剂

冻胶型堵剂是由聚合物溶液和适当的交联剂制备而成的。常用的聚合物有聚丙烯酰胺、木质素磺酸盐、二元聚合物丙烯酰胺、二丙烯酰胺二甲基丙磺酸等;交联剂一般用高价能与聚合物分子形成多核羟桥络的金属离子或低分子醛类化合物。焦新萍等研制了一种以聚丙烯酰胺为主剂、乙酸铬为交联剂、木质素磺酸钠作增强剂的延缓型 HPAM/Cr 调剖堵水体系,探究了聚合物用量、交联剂用量、木质素磺酸钠用量对冻胶成胶性能的影响。实验结果表明,当调剖剂聚丙烯酰胺用量为 0.6%,交联剂乙酸铬用量在 0.12% ~0.20%,延缓剂用量为 0.75%,催化剂用量在 0.1% ~0.15% 时,该堵剂体系能在温度为 30 ~90 ℃、pH 值 4 ~9 的油藏条件下很好地提高原油的采收率,降低含水率。田壮壮等从韧性和强度两方面对木质素进行改性处理,通过在碱木素-乌洛托品-苯酚体系中加入适量的增韧剂,最终形成两种具有超高韧性和超高强度的新型碱木素冻胶体系。该体系通过在西北某油田进行现场应用,取得了很好的增产效果,生产井含水率降至原来的 60% 左右,日产增油量近 2 t。羧甲基纤维素(CMC)来源广泛,价格低廉,且具有多环多羟基结构,能很好地改善冻胶的油水选择性、反应活性、耐温性和抗剪切性。史春华等利用羧甲基纤维素(CMC)为主剂、有机铬为交联剂、硫代硫酸钠为添加剂,研制了一种耐温型堵水剂,探究了温度、矿化度、冻胶性能的影响。实验结果表明,温度和矿化度对该冻胶的成胶时间和稳定性有很大的影响,温度超过 160 ℃时,冻胶成胶后迅速脱水破胶;矿化度越高,体系的成胶时间越短,强度越弱,脱水率升高。黎慧等研制了专门针对常规冻胶堵剂在高温、高矿化度条件下,适用于海上油田的速溶冻胶堵剂。这种堵剂是由乳液聚合物、单体交联剂和稳定剂制备而成。研究人员研究了温度、矿化度对冻胶体系的成胶时间、成胶强度的影响,实验结果表明,在温度 130 ℃、矿化度 33 300 mg/L 的条件下,冻胶的成胶时间可控制在 4 ~10 h,强度等级可达到 D ~ H。该冻胶体系还具有很好的溶解性,在温度 30 ℃的条件下,完全溶解只需 20 min 左右,在高温的环境下,堵剂强度高,稳定性好;在低温时,又可快速溶解,具有很好的应用前景。深部调剖注入剂量大,注入所需时间较长,需要堵剂在较长的时间下成胶。徐元德等针对该问题研制出了一种缓凝 Y 离子聚合物铬冻胶堵剂,这种堵剂是由丙烯酰胺(AM)/丙烯酰氧乙基三甲基氯化铵(DAC)二元共聚物、醋酸铬、铝凝胶构成,其中铝凝胶为缓凝剂,通过在体系中加入铝凝胶来调控冻胶体系的成胶时间,考察了该冻胶体系的耐温、耐盐、注入性、抗剪切性。实验结果表明,当温度在 90 ℃、矿化度为 1.6×10^4 mg/L 的条件下, 冻胶的成胶时间可以控制在 55 h,强度可达到 12 Pa,属于高强度冻胶;成胶液在温度 80 ~90 ℃时,黏度不超过 250 mPa · s,具有很好的注入性,在剪切速率 100 s^{-1}条件下剪切 60 min,冻胶的弹性模量仅降低了 14%,具有很好的抗剪切性,在岩心驱替实验中,封堵率可达 96%以上。

3.4 高含水调剖技术应用

我国大部分油田开发较早,现今已经进入水驱开发的后期阶段,油井大多数都是高含水油井,油井含水量增加使得石油开采量逐年降低。为了改变高含水油井的开采现状,提高石油开采量和开采效益,我们采用调剖堵水技术来调节高含水油井的产油量,通过高渗透层封堵来提高注入水的波及体积,降低油井的产水量,提高油井的水驱采收率。本节将对调剖堵水技术在高含水油井中的应用进行分析研究,针对调剖封堵技术中的不足之处提出解决方法和建议。

我国采油技术发展初期大都是采用注水开发的方式,随着油井服役时间越来越长,大部分油井都变为高含水油井,油井内受到长期注水影响,地下油藏的物理性质和地层孔隙均发生变化,有时生产井和注水井之间有孔隙,大大降低了注水的效率,使石油采收率受到明显影响。长期注水使渗透层经水冲刷变得地层不均,水会通过一些渗透通道流入油井,使开采出的油含水量增大。注水井与开采油井形成的渗透通道对注水驱油的效率也有很大影响。为了更好地解决这一问题我们采取调剖堵水技术,对油井与注水井之间的渗透层和孔隙通道实施有效的封堵,使吸水剖面的地质得到改善,注入水的波及体积扩大,产水量大大减小,产油量得到提高,水驱采油的效率得到提升,可以延长油田稳产的时间。调剖堵水技术在提高高含水油井采收率方面有很好的应用价值,可以有效地帮助各大油田控水稳产。

3.4.1 调剖堵水技术的原理分析

调剖堵水技术主要是根据不同地层特性研制出各类堵剂,按照比例调配堵剂并采用合理的注入工艺注入地层。油井堵水是将高渗透层或者出水的孔隙封堵住,控制水的产出,同时实现提高注水波及体积和产油量的目的。封堵的方式包括采用选择性堵剂对同层水进行封堵,或是用堵剂对高含水层封堵,还可以在底水上建立隔板来控制底水进入。堵剂主要根据不同地层开发研制,如高渗透层、高矿物质地层、高温地层、低渗透地层等所用的堵剂均不同,具体分为冻胶型、颗粒型、凝胶层、树脂型、稠油型、泡沫型等种类。对注水井调剖采用的方法是将调剖剂注入注水井内,通过调节注水地层的吸水性和剖面大小实现对高含水层的封堵,该方式能够提高注入水的波及系数。一般多采用如下三种调剖方式:近井地带调剖、渗滤面调剖和远井地带调剖。各类型的堵剂与地层相互作用完成堵塞。冻胶型堵剂是在一定温度和 pH 值影响作用下,通过主剂与交联剂发生化学反应形成大型分子,连接成不溶于水的网状物质,达到堵塞地层孔道的目的。颗粒型堵剂通过大于地层孔隙的颗粒物来堵塞渗透孔隙。凝胶型堵剂可与地层物质发生反应生成凝胶,实现对高渗透层的封堵。树脂型堵剂是将常温下液态的堵剂注入地层内,受地层温度影响逐渐转变为固体,从而堵塞地层孔隙。泡沫型堵剂则是将二氧化碳、氮气、表面活性剂等物质注入地层中,这些物质反应之后形成稳定的气体泡沫以实现封堵目的。堵剂注入的工艺根据实际井况来设计,通过合理、方便操作的方式,选择合适的工艺参数将堵剂注入地层中,通常单井封堵时选用规模较小的水泥车、压裂车等注入;撬装流程适用于大剂量注水井的调剖堵水;固定站式注入适合大规模、多井点的调剖堵水工艺。调剖堵水的具体方案设计包括对调剖井和相关地层的选择、堵水井和堵水层的选择、堵剂的类型和用量选择、调剖效果的预测等。

3.4.2 调剖堵水技术的应用

我国从20世纪50年代开始研究调剖堵水技术,20世纪80年代时技术相对成熟稳定,从单纯的油井堵水升级为注水井调剖和油水井封堵,调剖堵水的效果取得了很大的提高,之后在各油田大力推广该技术,形成配套的区域性油田调剖堵水综合化治理。调剖堵水技术具体的作用表现如下:

(1)对多层开采的高含水层和高渗透层、注水井的强吸水层进行封堵,减少各层之间的干扰,使吸水剖面和产液剖面均得到改善;

(2)对地层中的天然裂缝和注水渗透孔隙进行封堵,提高注水采油的效率;

(3)对注水井的强吸水段、单层油井高渗透位置、水流大通道段等位置进行单层封堵,增大注水波及体积,增加采油量,使注水开采的效果更好地发挥出来;

(4)在底水油藏的油层和注水层界面上打隔板用于遮挡底水,使底水的推进速度降低,提高底水油藏的采收率;

(5)对区块油井采取整体调剖堵水,控制油井的含水量,增加可开采的储量,改善区块油井的注水开发效果。

3.4.3 调剖堵水技术的不足

1. 封堵后的渗透层出现绕流

初次对高含水油井进行调剖封堵是为了将高渗透层进行封堵后启动低渗透层,使抽油面积扩大。实际操作使用相同剂量的堵剂进行二次封堵时,堵剂同时进入高渗透层和低渗透层,导致调剖的半径减小,注水之后会出现绕流的现象,大大降低了抽油面积和开采效果。

2. 堵剂的吸附性降低

初次进行调剖的油井,堵剂与岩层表面结合紧密,吸附孔隙的效果很好。随着时间的积累,堵剂失效后会在岩层表面形成胶状体的残留物,二次调剖时,堵剂依附在胶状物上,吸附的效果大大降低,影响二次调剖的效果。油井进行一次调剖之后,岩层物理性质会随之改变,界面张力也会发生变化,后续堵水时堵剂的使用寿命和吸附效果都会降低。

3. 找水技术落后,非选择性堵水的效果不好

找到出水层位是有效封堵的前提。现阶段我国在出水位置寻找方面的技术还相对落后,非选择性的堵水效果并不是很理想,对调剖堵水技术的发展是一个很大制约。油井的井况会干扰出水层位的寻找;通过综合对比资料来判断出水位置存在很大误差;依靠井温法判断出水位置准确度较低;依靠机械手段寻找出水位置,花费时间长,并且不能有效分辨夹层。

4. 选择性堵水技术不完善

选择性堵水技术的理论虽然很成熟,但实际应用效果并不理想,有时堵水的同时会出现堵油现象,堵水的持续时间较短,亟须提高找水技术和选择性堵水技术。

3.4.4 改善调剖堵水技术的有效措施

1. 设计出合理的决策体系,有效指导施工

调剖堵水的决策可以帮助筛选调剖堵水的处理目标,中国石油勘探开发研究院研制的 RS 决策技术、中国石油大学研制的 PI 和 RE 决策技术,以及 XERO 油井单井堵水决策技术在国内应用得较多。以实际数据为基础应用这些决策技术可指导选井、优化选择堵剂、预测封堵效果。由于各油田所处的地理环境不同,地质油藏资料均有差别,在设计决策体系时应结合实际地质情况和油藏特性,充分地考察相关条件,确保决策中的各项条件考虑充分且全面,能够提供真实有效的参考,为堵水施工提供有力指导。

2. 深入研究调剖原理,改善调剖堵水的工艺过程

对油井的相关参数、油藏条件和具体的调剖堵水机理进行深入研究,尤其是做过调剖后,如何解决初次堵剂滞留影响后续堵剂吸附力的问题、调剖之后各地层水驱具体如何变化都是研究的重点,在改善堵剂的配方,节约成本的同时应尽可能地保证高效的调剖堵水效果。可以通过计算机建立具体的地层模型,优化参数设计,准确地预测出调剖效果,使调剖的有效期延长,尽可能地保障油田安全稳产。

3. 提高选择性堵水的技术水平

由于我国大多数油田开发时间较长，大都进入高含水开发期，受到油田地层天然裂缝的影响，各层之间的负面影响逐渐增多，开采方式不当会加剧地层的非均质性，注入水会通过地层孔隙裂缝等渗入油井，使水驱的效果大大降低，因此仅通过对注入井实施调剖注水不能从根本上解决存在的问题，还需要设计综合性的调剖堵水方案。我国的油井套变和找水配套技术需要完善和提高，尤其是需要大力地发展非选择性堵水技术，加强与国际各大油田技术合作，提高选择性堵水技术水平，突破难点，开创堵水技术的新局面。

3.5　调剖技术应用及效果评价

3.5.1　调剖技术在姬塬油田的应用

姬塬油田为低渗透油田，油层物性差，非均质性强，微裂缝发育，注入水很容易沿裂缝窜进，该方向上的采油井易水淹，导致油藏含水率上升快，短时间内进入高含水阶段。近年来，采油八厂根据油田开发的需要，引进了注水井调剖的工艺技术，在原有的研究基础上，结合自身储层特点与裂缝水窜特性，制定该区块特征的堵水调剖体系，在定边采油作业区对 Y56－58 井实施堵水调剖作业，达到了良好的控水增油效果。

1. 油水井概况

Y56－58 井为罗 27 长 4＋5 油藏一口注水井，完钻层位长 6，2009 年 2 月 20 日投注，初期油压 7.5 MPa，套压 7.5 MPa，配注 20 m^3/d，实注 20 m^3/d。2009 年 3 月 25 日测吸水剖面显示为尖峰状吸水。措施前油压 8.0 MPa，套压 6.0 MPa，配注 15 m^3/d，实注15 m^3/d。对应采油井 Y56－57 于 2008 年 8 月 19 日完井。2009 年 3 月 30 日对长 611 层 2 371.0～2 376.0 m(5.0 m)段射孔，2009 年 4 月 17 日投产，初期日产液 4.41 m^3，日产油 2.86 t，含水 22.9%，动液面 1 874 m，稳产期日产液 2.83 m^3，日产油 1.88 t，含水率 20.8%，动液面 1 756 m。2014 年 3 月该井含水率开始上升，至 2014 年 5 月，日产液 3.30 m^3，日产油 0.50 t，含水率 81.9%，动液面 780 m。

2. 识别见水方向

对油井周围对应注水井，分时期地调整注水，观察油井产量、含水率、动液面的动态变化趋势，分析最拟合的水井方向即主要见水方向，动态验证法是最直接、最简单的一种见水方向判断方法。Y56－58 停注后，研究人员对 Y56－57 生产动态资料进行分析认为，采油井 Y56－57 注入水明显，来水方向为注水井 Y56－58。

3.5.2　堵水调剖的现场应用

1. 调剖体系的选择

总结前期的调剖中成功的经验和存在的问题，结合室内研究评价，综合考虑罗 27 井区地层情况，研究人员对 Y56－58 井组见水特征、注水井网特征等相关因素，开展堵剂体系研究，优化组合段塞设计，形成针对性较强的复合体系；同时优化堵水施工参数、注入流度，提高措施参数的科学合理性。

2. 段塞设计及调剖堵剂

第一段塞：封窜段塞，采用凝胶颗粒，选择性优先进入高渗透带，初步进行封堵，在地层大裂缝中形成骨架结构，以便后续堵剂进入。

第二段塞：采用凝胶颗粒加弱凝胶，进入前段塞中高渗透带，强度较高，有效地封堵高渗透带，平稳封窜压力。

第三段塞：采用凝胶颗粒加钠土封堵高渗透带，调整平面和层内的非均质性，降低油水黏度比，改善水驱油流度比，驱替孔隙中的剩余油，提高波及效率。

第四段塞：主要起到封口作用，采用多单元双液法交替注入，防止堵剂段塞过早破碎，延长有效期，确保深部调剖效果。

为提高调剖的效果，前三个段塞分两轮注入。

3. 效果评价

（1）措施效果分析评价

①整个施工过程中，压力呈上升趋势，Y56－58 井在第一段塞施工时，压力上升幅度较大，主要采用凝胶颗粒，保证堵剂进入地层深部封堵大裂缝。第二段塞，采用弱凝胶加凝胶颗粒封堵微裂缝、高渗透层，浓度较小，增大堵剂液量，施工压力有所下降。第三段塞，采用凝胶颗粒加钠土，防止堵塞屏障过早移动，提高封堵效果，压力缓慢上升。第四段赛，采用高强度堵剂进行彻底封口，提高了封堵有效期。

②注水压力上升。堵水调剖后油压上升 4.0 MPa，套压上升 2.4 MPa，之后压力开始下降。

③油井见效比例高。调剖注水井 Y56－58 对应油井共 7 口，主向油井 Y56－57 效果明显，3 口侧向油井含水也有一定下降，3 口油井未见效，见效比例 57.1%。

（2）建议

①对需要调剖的井组多做监测，如吸水剖面、产出剖面、示踪剂、干扰试井等，摸清出水层位、来水方向和来水原因，采用大孔道识别技术对地下大孔道、高渗段、裂缝几何尺寸、发育规模进行定性、定量分析，为制定合理的施工参数提供科学依据。

②因为一口油井同时受多口注水井影响，所以区域整体调剖效果好于单井组调剖。下步将整体扩大深部调剖技术规模或者是将醋酸作为化学溶剂，但是高锰酸钾的氧化反应又比较温和，因此在基础室温和没有氯化溶剂的前提下可以实现平稳的氧化反应，属于一种比较理想的活性剂，氧化制备化学物质适合被大量应用在活性剂制备过程中。

4. 表面活性剂在三次采油中的应用

通过对表面活性剂的应用，油水界面张力能够得到显著降低，且原油的采收率能够得到显著提高，由此可见，将表面活性剂应用于三次采油当中，具有广阔的发展前景。

（1）阴离子表面活性剂的应用

在三次采油中对阴离子表面活性剂进行应用，其中的分子结构所包含的离子性亲水基属于阴离子，能够组成磺酸盐、硫酸盐及磷酸盐等物质，其中磺酸盐的应用率最高，特别是石油磺酸盐的应用最为普遍。究其原因，主要在于磺酸盐具有较高的浊点，处于砂岩表面时吸附较少，所以界面活性较高，且具有良好的耐温性能和较低的成本，但是其抗盐能力相对较差，并且临界胶束的浓度较高，在驱油的过程中会产生一定的损耗。

(2)增效剂及助剂的应用

表面活性剂是强化采油用的主要驱油液，在对其进行应用的同时，还需要与少量的其他增效剂、水溶剂等进行配合使用，以达到最佳的应用效果。

增效剂主要弥补表面活性剂在使用性能方面的不足，例如溶解剂能够起到抑制表面活性剂的氧化和水解的作用。在对微乳液进行制备的过程中，通常选择加入助表面活性剂，也可能视情况不同而选择增塑剂、超塑剂等。

水溶性聚合物能够起到的主要作用是增稠，其能够对驱油液的黏度进行控制，促使驱油液的堵漏效果得到提高。常用的水溶性聚合物包括甲基丙烯酸、丙烯酰胺等。

第4章 调驱技术

目前,大部分油田采用注水开发方式,当进入注水开发后期,油井产的水大部分来自注水井的注入水,因此对注水井进行治水也很关键。由于注水井各层流体通道的差异,水向油井推进的速度也不同,推进快的就会使油井过早水淹。为解决这一问题,可通过井下工具将各层分开,人为地控制各层水推进速度尽量接近一致。另一种方法是向水推进快的地层挤注可调整水推进速度的物质,这种物质在地层条件下变稠,摩擦系数增大,将水的推进速度降下来。此外,还可向地层挤注可缩小或堵死地层流水通道的物质,使注入水改变方向。这几种方法专业术语称为注水井调驱。总之,治水可分为在油井上治水和注水井治水,方法多种多样,目的只有一个,即提高注入水的使用效率,减少油井产水。

4.1 调驱技术国内外现状

4.1.1 国外现状

国外对于调驱理论的研究比较早,对调驱剂配方和调驱机理及调驱工艺等都进行了深入的研究,研究内容涵盖调驱的方方面面,主要包括配方、机理及工艺三个方面。调驱技术在国外的发展过程中,最开始用于封堵地层的调驱剂是非选择性的泥浆类调驱剂。随着现代科学技术的发展,尤其近代化学科学领域的飞速发展,科研工作者基于这些科技基础研究出了有机物类堵剂。到了20世纪60年代,调驱技术得到了迅猛发展,其中高分子聚合物类调驱剂开始得到广泛推广和使用。进入20世纪末期,调驱剂种类更加多样,从原来的大类开始细分,主要分为凝胶类、水玻璃类和颗粒类调驱剂三种类型。

国外在理论方面先后对各类型的调驱剂展开了封堵机理和施工工艺的研究。瓦特等通过岩芯模拟实验,研究了聚丙烯酰胺的封堵机理,得出聚丙烯酰胺的封堵机理主要有吸附机理、物理架桥封堵机理、动力捕集机理。Dawe 和 Liang 以岩心实验的形式探索了调驱剂在岩心中出现堵水不堵油现象的原因。Seright 通过示踪剂实验研究了注入工艺参数、地质特征、油藏岩性等对地层封堵作用的影响,实验结果表明:强冻胶类调驱剂对地层的选择封堵性能较弱,对于不同渗透率的岩芯实验,封堵率均表现出近似同一个值。相对于强冻胶类调驱剂而言,弱冻胶类调驱剂表现出了很好的选择封堵性能,对渗透率越高的岩芯,封堵率越大。

最近几年,世界各大油田积极推广和使用高分子聚合物类调驱堵剂,其中以聚丙烯酰胺冻胶堵剂为主。国外学者对该类调驱剂和调驱工艺技术做了大量的实验研究,实验结果表明:在实验条件下,聚合物交联冻胶类调驱剂显示出较高的封堵强度,且耐高温。

4.1.2 国内现状

20世纪50年代,我国在全力开发几大油田的同时,展开了对调驱工艺技术的研究,早期使用的调驱堵水剂以无机堵剂水泥浆为主,到了20世纪60年代,树脂类调驱堵水剂在国内大力发展,在油田调驱堵水中被广泛应用。20世纪70年代初,合成高分子聚合物的出现,加剧了整个调驱技术的蜕变,油田调驱工艺技术迅猛发展,调驱剂品种也迅速增加,人们越来越重视调驱堵水在油田注水开发中的重要性,调驱工艺技术得到进一步的大范围推广,随着调驱井数的增多,带来了较为不错的经济效益。进入20世纪90年代后,调驱观念从单一调驱开始向油田区块整体治理转变,油层浅部调驱向深部调驱转变。

随着我国石油开发的不断深入,我国在调驱堵水方面取得了明显的进步,主要体现在调驱剂体系方面的多元化,形成了完整的调驱剂体系。调驱技术主要包括下面几种类型:

1. 深部调驱技术中的弱凝胶调驱

弱凝胶调驱技术是目前应用最广泛的技术之一,华北油田采用聚合物交联冻胶在油田实施390余次现场试验,累计增油达到1.6×10^5 t。弱凝胶调驱体系的机理及施工工艺在国内的研究起步较晚,但研究范围较为广泛。田根林对剪切作用以及剪切后的弱凝胶的交联特性展开了研究。具有空间三维网状结构的交联聚合物弱凝胶,显示出较好的成胶强度和可泵性;在油藏条件下,呈现出低流动性,能够同时做到调驱的作用。弱凝胶类调驱剂一般以HPAM为主,其浓度一般为0.1%~0.35%。凝胶类调驱剂的强度可以根据实际油藏状况,通过改变各组分的浓度进行调整,油田调驱常用的凝胶强度一般为1 000~25 000 mPa·s。HPAM调驱剂在矿化度大于160 000 mg/L的地层水中和温度大于90 ℃的油藏中不能取得较好的调驱效果,一般只能用于存在低矿化度地层水的储层中的中高渗透带的调驱作业,该调驱剂进入低渗透层地层的能力较弱。

2. 调驱中的胶态分散类凝胶调驱

胶态分散类凝胶具有低强度和一定的流动性,通常用于中低渗透层调驱或三次采油(即CDG驱)。在20世纪90年代,由于高分子类聚合物大范围的使用,许多从事提高采收率的研究人员开始对胶态分散类凝胶调驱技术进行研究,通过堵剂对地层中的高渗透通道进行堵塞,从而增加储层的动用程度。

国内各大油田对该技术展开了大量的理论研究和工艺研究,研究结果表明:胶态分散类凝胶调驱剂具有较差的耐温、抗盐性,对于成胶条件要求苛刻,不能满足高压地层深部调驱所需的胶后强度。此外,由于新型耐温、抗盐调驱体系的不断呈现,目前国内外已经停止此类调驱技术的现场应用。

3. 深部调驱中的体膨颗粒调驱技术

在油田上,常用调驱剂之一是体膨颗粒,体膨颗粒主要应用于高渗通道的封堵,包括裂缝、大孔道类储层。体膨颗粒一般具有一定的粒径。体膨颗粒的参数,包括吸水率和膨胀时间、膨胀后的强度和粒径大小,可以通过改变体系各组分的浓度和加工工艺技术进行调整。

国内学者对体膨颗粒的配方和封堵机理做了大量的研究，结果表明：体膨颗粒遇水产生一定强度，并具黏弹性，遇油无变化。体膨颗粒的特点如下：

（1）体膨颗粒在地面进行交联形成，避免了受地层环境的影响而不成胶的现象，具有较好的耐高温性、抗盐性；

（2）体膨颗粒膨胀倍数和强度可控，根据实际需要可以生产不同强度和膨胀倍数的体膨颗粒；

（3）当体膨颗粒遇水后，显示出较高弹性、较好的封堵性和可泵性；在一定强度下，可以改变自身形态通过多孔介质达到油藏深部，扩大油层调驱范围；

（4）体膨颗粒主要靠物理膨胀封堵和架桥封堵，针对高渗裂缝型油藏具有很好的封堵性能；

（5）使用该调驱剂调驱过程简单、方便、安全；

（6）体膨颗粒使用范围广，可与聚合物凝胶类调驱剂组合使用，也可单独用于裂缝型高渗通道的调驱。

4. 含油污泥调驱技术

油田采出的污泥一般没有使用价值，需要经过处理才可以丢弃，而处理污泥需要花费较高的费用，成本很高，给油田的开采增加一定的成本，因此如何有效、经济地处理污泥一直是油田比较关心的问题。而该类技术的诞生，解决了这个一直困扰油田的难点问题。该方法是通过向采出污泥中加入各种添加剂，配置成具有一定黏度的调驱剂体系，由于污泥来自油藏，因此其化学组分与油藏相近。该方法具有以下优点：①解决了油田污泥的处理问题；②合理利用污泥，形成调驱剂重新回注地层，适当减少了对环境的污染并减少了污泥的处理费用。因此，这种调驱技术已经在各油田大规模使用。

封堵机理：把含污泥和各类添加剂的混合溶液注入地层中，进入地层后，悬浮液流被稀释分解，并吸附沥青和蜡质进而形成“团粒结构”，该“团粒结构”具有较大的粒径，堵塞在大孔道和裂缝中从而降低渗透率。

5. 微生物调驱技术

微生物调驱技术的调驱原理是向油层中注入特定的细菌和营养液，该细菌能够在油藏环境下大量繁殖，形成菌落并产生类似聚合物的产物。菌落进行繁殖和代谢的聚合物依附在岩石颗粒表面，对高渗带产生封堵作用，对后续注入水产生阻力，能够有效增加波及面积，增大地层整体的动用程度，增加驱替效果。

微生物调驱技术在国内仅限于试验阶段，并未得到大范围的推广。南开大学与天津微生物研究所合作研制了适合油藏环境的微生物菌株，在现场试验中也取得了较好的效果，但由于其成本高和施工技术难度大，在全国油田范围内至今未大范围推广。

6. 深部调驱中的无机凝胶涂层调驱

针对我国新疆塔里木油田超深、超高温、高矿化度油藏，传统的交联聚合物类调驱剂在油藏中由于其盐敏、热敏等一系列因素的影响，很难在地层环境下成胶。无机凝胶涂层调驱剂耐温、抗盐能力强，但该类调驱剂进入油层深度有限而不适宜深部调驱。经过大量实验论证，相关研究者成功研制出了无机的凝胶涂层调驱剂（WJSTP），能较好地解决上述问题。WJSTP注入水进入油层后和地层水反应生成无机的凝胶类体系,该体系密度与地层水密度相差无几,并且依靠自身附着能力能够在岩石表面进行吸附,从而使岩石颗粒表面形成无机的凝胶薄层,封堵优势渗流通道,提高了注水开发效率。

7. 无机水玻璃类调驱技术

此类调驱剂调驱技术是把水玻璃、隔离液及卤水体系通过隔离液的方式按一定的顺序注入地层。随着注入液进入地层深部,隔离液被底层水稀释,水玻璃和卤水体系两种液体接触并发生沉淀,进而对地层产生封堵作用。封堵后沉淀物不易降解,易对地层造成永久性伤害,目前调驱作业过程中已经很少使用此类调驱剂。

8. 泡沫类调驱技术

泡沫在热力学中属于不稳定体系,易受温度、气压、矿化度等因素影响,十二烷基磺酸钠是常用的起泡剂。调驱剂一般要求具有一定的强度和能适应各种温度的变化。在配置泡沫调驱剂过程中,为增强泡沫稳定性能,在溶液中还应加入其他添加剂,例如碳酸钙粉、聚丙烯酰胺、膨润土等。

在油藏条件下,泡沫同时具有一定的黏度,能够优先进入高渗通道,依靠贾敏效应对地层进行封堵,降低水相渗透率,阻止注入水的窜进,并强迫注入水发生转向。此外,泡沫调驱剂在高渗透层还具有水洗作用,在进行封堵的同时,也具有一定的驱替作用,即当泡沫发生破裂时,被其包裹的气体释放出来,产生了气驱。即便泡沫调驱剂存在许多优势,泡沫调驱剂的长期稳定性仍然较差,很难持续地对地层进行封堵,因此,泡沫类调驱剂技术在油田调驱应用中很难大规模进行推广。

9. 纳米材料调驱技术

所谓纳米,一般是指粒径大小处于0.1 ~ 100 nm的微小颗粒。石油领域中纳米技术的应用主要利用纳米MD膜进行驱油,该技术是在传统的水驱油的基础上,向地层中注入较小浓度的MD膜水驱替液,生成MD膜驱油。目前,纳米级材料调驱技术已在油田调驱领域得到应用。

4.1.3 调驱技术的发展趋势

随着调驱技术的持续发展,调驱观念也逐渐改变,表现在对单井进行调驱到区块整体的治理,从浅层调驱向深部调驱进行转变。

1. 浅层调驱技术

浅层调驱一般是对近井地带的渗透率较高的优势水流通道进行封堵,迫使注入水的方向发生改变。浅层调驱一般针对不同的启动压力的储层具有选择性,调驱剂在注入过程中优先进入优势渗流通道,不受注水井况、隔层等条件限制。但对于多次的小半径调驱的注入井,近井地带的吸水剖面发生多次改善,剩余油分布很少,重复进行调驱,效果不是很好,此时在油层深部注入调驱剂,吸水驱面会发生改变,注入的水会被迫流入渗透率低的地层。

深部调驱技术意味着调驱剂从井筒进入地层的距离很远,达到五十多米。深部调剖技术常常与浅层调剖技术同时使用,调驱较深,调驱剂的用量较大。到目前为止,只有可动冻胶类深部调驱体系能够适应深部调驱的环境,该体系可控成胶时间,可调成胶强度,具有良好的可泵性和抗盐、耐温性,在油层深部可以长期发挥作用。深部调驱技术是近几年大范围推广的技术,相对于传统的浅层调驱,深部调驱是把大量调驱剂泵入油藏地层中从而取得改变吸水驱面的目的。除此之外,近些年又提出了精细化深部调驱技术,即通过对油藏的充分认识,精细化划分高渗透层,着重开展对地层大孔道、裂缝等优势通道的辨别,以及对地下注入水流体场、压力场进行精细化描述,对各类高渗优势通道进行调驱。

2. 区块整体调驱技术

以往的调驱仅仅是考虑单个井组调驱,而实际的油藏状况是油井可能同时受到多个注水井的水驱。因此,提高区块的整体采收率的关键点并非是单一调驱,而是对整个区块进行整体的调驱,从而解决在整个区块上的平面、纵向非均质性严重和注入水指进等问题,使调驱技术由单井局部治理向区块整体治理转变。

3. 组合调驱技术

随着注入水窜流形式的多样性和复杂化,单一的调驱剂受到很大的限制,不能很好地满足复杂的油藏环境。因此,通过将多种调驱剂或者调驱工艺组合使用的调驱技术应运而生,可充分发挥各自的优势。组合调驱技术一般指的是对调驱剂、调驱工艺、调驱段塞进行组合,其适用范围广,能够对油层深部挖潜。目前,组合调驱技术已在现场得到大范围的推广和应用。

4. 调驱与其他技术相结合

调驱技术仅仅是改善油层的吸水驱面,调驱剂在对优势通道进行封堵后,对应的油井是否能最大限度地增油降水通常也受到其他因素的影响,因此为了更充分地发挥调驱的作用,在调驱结束后一般选择注入表面活性剂溶液。表面活性剂溶液进入含油饱和度高的中低渗层,能够降低界面张力,起到改善洗油效果的目的。

4.2 调驱技术研究

调驱技术包含调剖、化学驱等技术,技术应用的作用和原理各有不同。调剖能够改善近井地带层间矛盾,提高水驱波及体积,适用于中低含水阶段。隔层发育油藏一般也采用调剖措施,其具有强度大、剂量小的优势;劣势在于增油量较少,有效期较短。在深部进行调剖,能够深入地层内部,改善层间、层内矛盾,提高水驱波及体积,提高驱油效率和区块开发效率。对于油藏整体高层含水非均质油藏,调剖技术的优势在于剂量较大,强度较弱,而且能发挥增油量多、有效期较长的优势。采用化学驱的方法可提高去油效率,提高油藏最终采收率,改善区块开发强度,提高波及体积,适用于油藏整体实施和中高含水非均质油藏。其配方特点如剂量大、强度弱,增油量较多是其优势。

调驱技术适用于配套工艺技术较为成熟的油田开发。当前建立在深部调驱技术基础上,已经开发出综合性 IOR、EOR 级配套新技术,其中凝胶调驱技术、预成胶调驱技术、黄原胶凝胶调驱技术等,在降低相流动阻力,增加油水流速中发挥了重要作用。

根据油田的实际情况,例如若注水率较低,注水效果较差,非均质较为严重,则应根据不同的油层、不同的温度、不同的水质，进行多种配方体系的开发和应用，提高注水油田最终采收率，改善水驱效果。对于不同温度、不同水质的多种配方体系采用调驱技术，关键是要使用稳定剂、助凝剂。当前黄原胶调驱、“2 +3”调驱技术特点符合较多类型的油藏开发使用条件，在获得一定的技术研究成果，验证了方法适用后已得到推广。再例如黄原胶调驱技术，具有生物聚合物可降解、抗剪切、抗盐、易流动等特性，不会造成地层的永久性伤害。LC 调驱技术可以将聚合物、有机和无机交联剂进行形成，得到黏弹性凝胶体，黏度大小根据需要可随意调节。SNT 调驱技术以复合离子聚合物为主，最终得到二次成胶。调驱技术应用要求环境温度小于 80 ℃，适用于中偏酸性水质矿物化小于 30 000 mg/L 的低渗透油藏。SNT 驱动调驱技术适用小于 88 ℃的环境，预成胶调驱技术要求温度在 40 ~90 ℃，适用于高渗透油藏区分级调驱提高水驱波及效率技术（简称分级调驱技术），即把储层中的优势流动通道按照发育程度及对水驱效果的影响进行分级，并针对不同级别的优势流动通道研制和应用相应的调驱剂新材料。将这些新材料优化组合后注入，可持续改变和调整水驱方向，把扩大波及系数落到有效波及，从而提高注入水利用效率。有机凝胶调驱在配制初期，交联剂与聚合物不发生反应，胶体体系为非散颗粒状，注入地层后在地层温度条件下适用于中高温油藏。该体系通过有效调控成胶时间和强度后，形成的凝胶耐温和稳定性能良好，成胶后发生化学反应，强度高，适于油藏深部的大剂量调驱。凝胶缓慢交联，加入不同浓度的聚合物、交联剂和稳定剂具有假塑性，在受到剪切时黏度变小，经过一段时间使用后黄原胶容易发生流动且容易形成交联强度。

在应用上调驱技术各有其作用和优势。目前采用的 3LC 技术，属于国内先进水平，主要技术创新点在于应用助凝剂和促胶剂，形成配方体系的交联剂用量，成胶前聚合物浓度低，材料成本低廉，项目实验结果可以达到投入产出比 1:3.8，具有较好的经济效益。

另外还有“2 +3”调驱技术，该技术可以添加高效洗油活性剂，其应用条件各有不同，例如黄原胶调取技术，其主要用于降低油水界面张力，增加毛管束。黄原胶属于刚性凝胶剂，因此在小于 70 ℃的环境下分散后重新聚集，适用于中高渗透油层；该技术可发挥封堵作用，改善注入水的吸水剖面，提高注入水的波及系数，通过“3”的功能降低油水界面张力，达到提高膜管束的效果。运用“ 2 +3”的组合技术，可提高驱油效率和水的波及系数，最终达到提高原油采集率的目标。

影响调驱效果因素包括配方的适用性、成胶时间、注水井吸水状况等都是影响调驱技术应用的影响因素，注入剂在远井地带成胶，凝胶的稳定性和耐冲刷性能，井组的储存、物性、连通性、注水效果等，调整配方的浓度和不同配方的注入顺序也是影响调驱技术的因素，对上述影响因素应进一步进行深入分析并得出结论。

4.3 深部调驱技术

目前,油田普遍高含水,油藏原生非均质性以及长期水驱使非均质性进一步加剧,油层中逐渐形成高渗通道或大孔道,使地层压力场、流线场形成定势,油水井间形成水流优势通道,造成水驱“短路”,使油藏平面波及系数和纵向波及系数变差,严重影响油藏水驱开发效果。平面波及系数较差的原因是地层中存在高渗透率的薄夹层和高渗透率的异常层,它们的渗透率比地层基质的渗透率高得多;纵向波及系数较差的原因是由于地层中较高渗透率区域与较低渗透率区域纵向并列。在平面波及系数和纵向波及系数较差的地层中,注入水的流动剖面波及效率较差,特别是当井筒与纵向不均质层、裂缝或其他结构的异常层连通时,注水波及系数更差,从而造成注入水易绕过中、低渗透层直接沿高渗透区油层或裂缝流向油井,这不仅使中、低渗透层中原油未被采出,而且过早、过多地产水,加大了产油的成本,从而大大降低了油田注水效益。因此,在后备储量不足的情况下,要实现油田稳产,提高油田开发效益,就必须挖掘老油田潜力,通过调剖措施及深部调驱工艺,改善吸水和产出两个剖面,缓解层间和层内矛盾,提高油田稳产基础。

4.3.1 深部调驱技术简介

深部调驱技术是以深部调剖为主,在“调”的基础上又结合了“驱”的效果,并具有提高波及系数和驱油效率的双重作用。向地层中注入具有相当封堵作用的化学剂,对地层深部进行处理:一方面,封堵地层中注水窜流的高渗条带和大孔道,实现注入水在油层深部转向,提高注入水波及体积;另一方面,注入的调驱剂在后续注水作用下,可向地层深部运移驱油,可以同时起到剖面调整和驱替的双重作用。因此,调驱技术发挥了调、驱的协同作用,既能有效改善油层深部非均质性,扩大注水波及体积,又能提高驱油效果,从而达到提高采收率的目的。目前,国内外油田常用的深部调驱技术主要有 HPAM 弱凝胶深部调驱技术、HPAM 胶态分散凝胶(CDG)技术、预交联体膨凝胶颗粒深部调剖液流转向技术、HPAM 反相乳液技术、含油污泥复合调驱剂技术等。

4.3.2 深部调驱作用机理

(1)调驱剂可动态调剖,产生深部液流转向作用。调驱剂在地层中受到后续注入水驱替作用,在大孔道及高渗带中可发生移动,进入下一级孔道。当压差小于凝胶突破压力时,形成一定堵塞;当压差大于凝胶突破压力时,凝胶在地层中会继续移动,在移动过程中,由于水的冲刷及地层的剪切,可能发生变形或破碎形成小的凝胶体继续运移,直到遇到更小的孔喉或在压差较低区域沉积下来形成堵塞,起到纵向、平面的调剖作用,后续注入水遇到凝胶堵塞的孔道就会转向低渗区,驱替更多孔隙中的剩余油,提高注入水波及体积。

(2)改变残余油附着力,促进其移动调驱剂在后续注入水作用下的运移,改变地层微压力场分布，微观上改变地层孔隙中残余油附着力分布，破坏油滴的受力平衡，促进残余油流动。

(3)调驱剂可改善流度比，驱动较低渗透带的剩余油。地下交联聚合物调驱剂成胶前后均具有一定黏度，因此在注入及成胶后的移动过程中，改善了地层流体的流度比，使原来水驱不到而压差大于凝胶转变压力范围内的剩余油得到很好驱替。

4.3.3 调驱技术与常规调剖技术的不同

1. 作用机理不同

常规调剖技术作用机理是以调整、改善吸水剖面为目的，使注入水产生转向从而扩大注入水波及体积。调驱技术处理剂量和处理半径较大，仍以深部调剖改变液流方向为主，同时辅以提高驱油效果的功能。

2. 对化学剂要求不同

常规调剖技术要求调剖强度大，注入地层后产生较强封堵作用，而调驱技术要求调驱剂不但具有一定强度，还应具有“可动性”，可在地层中运移。有的调驱剂具有增黏性，可改善流度比，有的还具有表面活性，可改变“死油”的表面性质。调驱剂可以打破残余油的静态平衡，使“死油”移动变活，必要时使用段塞，采用不同的化学剂以增强驱油的协同作用，提高驱油效果。

4.4 调驱技术研究现状

注水开发过程中，水在储层中运动都是沿阻力最小的路径前进，导致注水采油效率的降低和产出水的增加。因此堵水调剖技术一直是油田提高采收率、稳油控水的重要技术措施。为了提高常规堵水调剖的增产效果，在油藏开发的整体尺度上将注水、堵水和调剖有机结合，就产生了深部调驱技术。该技术采用具有选择性封堵性能（DPR）的部分水解聚丙烯酰胺凝胶、体膨型凝胶颗粒和乳液等堵剂体系，通过将调驱剂注入储层深部而对水相形成封堵，迫使注入水进入原来波及少的区域，从而扩大水驱波及范围，改善驱油效率。目前，深部调驱技术发展迅速，在药剂研究开发、数模技术和施工工艺技术等方面取得了很多新进展。

4.4.1 深部调驱剂的研究开发

我国深部调驱技术起步于20世纪90年代，进入21世纪后，基于油藏工程的深部调剖改善水驱配套技术的提出，向深部调驱技术提出了更高的要求。由于深部调驱技术处理的目标是整个油藏，作业时间长，对调驱剂的流变性能、封堵性能、耐久性能及施工工艺技术等方面都提出更高要求。

1. HPAM 弱凝胶深部调驱剂

弱凝胶中 HPAM 含量较低，一般在 800～3 000 mg/L，交联剂常采用乳酸铬、醋酸铬、柠檬酸铝、酚醛类有机交联剂等，在地层压差作用下，具有一定的封堵和流动能力。刘军等采用硫酸钠和对苯二酚作为交联促进剂，改善了体系与高浅北区污水的配伍性，保证弱凝胶体系在地层条件下的交联性能，并在胜利油田高浅北区 106－7 井累计注入弱凝胶 1.1×10^5 m^3，取得了增油 10 242 t 的效果。李永太等对降低铬交联体系毒性进行了探索，采用 Cr(Ⅲ)与单糖类化合物生成新型有机铬交联剂 PF。该剂在 70 ℃时，形成弱凝胶的弹性模量最大值为 1.2 Pa，黏度最大值为 700 mPa·s。

2. HPAM 胶态分散凝胶深部调驱剂

胶态分散凝胶(CDG)是低浓度 HPAM 溶液(最低可至 100 mg/L)与多价金属离子交联剂形成的分子内交联凝胶体系。CDG 体系化学药剂用量很低，具有明显的经济性，因此曾受到研究者的重视。中国科学院化学研究所、中国石油勘探开发研究院都对 CDG 体系进行了广泛研究，并在大庆、中原、胜利等油田进行了现场实验，但所使用的 HPAM 浓度范围多在 1 000～2 500 mg/L，并不是真正意义上的 CDG 体系，仍属于弱凝胶体系的范围。现场和室内实验的结果表明，CDG 体系的耐温、耐盐性差，成胶条件较苛刻，目前研究处于停顿状态。

3. 体膨型凝胶颗粒深部调驱剂

体膨型凝胶颗粒调剖是一种新型深部调剖技术。过去采用粉碎、分筛来制备所需大小的颗粒，乳液聚合、微乳液聚合等新技术的采用简化了生产工艺，可直接得到微米/纳米尺度的胶粒。这些凝胶颗粒具有一定的交联度和弹性，在水中缓慢溶胀而不溶解，能在地下运移，逐渐发生膨胀、吸附及其他作用而对水相产生流动阻力，使后续流体转向。孙焕泉等采用紫外线、偶氮二异丁腈引发丙烯酰胺、丙烯酸的微乳液聚合反应，得到水化前粒径为纳米级的丙烯酰胺/丙烯酸共聚微球胶液。胶液在室温下放置 30 d 后，微球的粒径就变大为微米级。熊伶俐等针对青海尕斯油田的储层条件，选用粒径为 0.5～1 mm、1～3 mm 的体膨型凝胶颗粒进行深部调驱应用研究，经过不同粒径颗粒调驱试验后，取得了较好的调堵效果。吴发英等对高吸水性树脂颗粒的耐盐、耐高温性能进行了研究，他们选用的合成树脂在高矿化度水(总矿化度:109 889 mg/L)、130 ℃下浸泡 90 d 后，颗粒形态完好，在 100 ℃下吸水倍率稳定在 50 左右。

4. HPAM 反相乳液深部调驱剂

HPAM 反相乳液深部调驱剂为 W/O 体系，分散相为 HPAM/交联剂的水溶液，粒径为微米尺度。乳液注入地层前加入转相剂，进入地层后 W/O 乳液发生转相而破乳，释放出的 HPAM 和交联剂反应形成凝胶并吸水膨胀，产生封堵效果。凝胶体在一定压差作用下可以产生形变蠕动。雷占祥等选用分子量为 6.4×10^6～1.05×10^7 的 HPAM 和 1 000 mg/L 的交联剂，以白油为连续相，生成 W/O 乳液。现场试验中，调驱剂溶液总注速度为 740 m^3/d，平均单井注入速度 185 m^3/d，连续注入 45 d，共注入 HPAM 反相乳液 136 t。与调驱前对比，实验井区油井日均产液量上升 21.3%，日均产油量上升 37%，含水率下降 1.1%，显示出明显的增油降水趋势。曹正权等在室内测定了 HPAM 反相乳液的成胶时间，65 ℃时，其乳液转相成胶时间大于3 d,具有进入油藏深部的能力。通过对6口水井进行聚合物反相乳液调驱试验的结果表明:对应油井30口,见效油井22口,平均见效率73.3%。调驱前后比较,见效油井平均综合含水率下降3.4%,累计增油11 305 t,平均单井增油377 t。

5.含油污泥复合深部调驱剂

李秀存等对尕斯油田含油污泥进行了分析研究,通过添加CMC对含有污泥的悬浮、黏度等性能进行调节优化,将其与体膨型凝胶颗粒配合使用于尕斯油田深部调驱作业,所用含油污泥中,水、油及固相各占三分之一,固相粒径为76～97 m,固含量控制在30%。使用该配方对尕斯油田跃14-7井和12-27井进行预交联凝胶颗粒与含油污泥深部调驱试验,采用三段塞方式注入,注入污泥过程中压力稳定,没有波动,两口井累计注入量8 459 m^3。调驱后,压降曲线变缓,高渗层吸水量从43.5%下降至16.7%,累计增油4 018 t,降水6 630 m^3。

4.4.2　深部调驱工艺技术

油田长期注水开发后,油藏物性参数发生很大变化,非均质性加剧。研究表明,部分油藏在长期注水冲刷作用下,水淹层渗透率比原始增加了几十倍至几百倍。对这些储层,联合使用多种调驱技术收到了较好效果,为深部调驱施工工艺技术的发展开拓了新方向。

王学民等在化学示踪剂监测分析的基础上,选择预交联凝胶颗粒+延缓交联弱凝胶对王徐庄油田歧五断块进行整体调驱。首先注入预交联凝胶颗粒段塞,然后注入延缓交联弱凝胶调驱剂。调驱后,受益油井增油效果显著,其中主要受益观察井歧637-1井,日产油由调剖前15.47 t上升至23.98 t,含水率由94.4%下降至90.8%,累计增油3 500 t。范伟等针对青海尕斯油藏特性设计了水膨体颗粒/可动凝胶复合深部调驱体系,室内研究显示,在采出液含水达到80%时,注入水膨体颗粒段塞0.2 PV,再注入可动凝胶段塞0.2 PV,可以提高采收率23.2%。王健等针对长庆盘古梁长6油藏裂缝发育,水淹速度快,堵水效果差的情况,采用预交联颗粒/水驱流向改变剂/弱凝胶的复合深部调驱体系对盘59-28井组实施深部调驱。施工总配液量950 m^3,其中预交联颗粒质量分数0.4%,粒径0.5～2.0 mm,用量300 m^3;水驱流向改变剂质量分数0.7%,粒径2.0～5.0 mm,用量350 m^3;弱凝胶中聚合物质量分数0.35%,用量300 m^3。施工后,整体井组累计增油量3 564.38 t。

4.4.3　深部调驱数模

深部调驱技术取得良好效果是基于调驱剂能准确到达油藏的指定位置,并达到所设计的封堵、转向和驱动效果。因此,在调驱施工前进行建模和参数拟合工作,可以对施工情况和效果进行预测,对提高调驱效果和增加经济效益进行了有益探索。雷占祥等根据HPAM反相乳液的流变性和调驱机理,建立了反映其渗流特征的数学模型,应用Visual C++软件开发环境编制了相应的数值模拟器,并用于胜利油田孤岛采油厂中二南Ng3-4调驱先导试验中。他们根据数值模拟器对施工方案的模拟计算结果来制订施工方案,取得了区块日产油量上升37%、含水率下降1.1%的效果。

4.4.4 弱凝胶调驱剂成胶影响因素

深部调驱施工中，调驱剂在油藏中的运动和变化情况无法直接观察，因此，通过模拟试验来研究调驱剂在近地下环境中的运动、成胶和运移情况就具有重要的实践意义。李先杰等用玻璃微珠、石英砂及露头砂制作长 200 cm、内直径 2.5 cm 的长填砂管模型，对弱凝胶在不同孔隙介质中的成胶、运移情况进行研究。测试使用浓度为 1 500 mg/L 的 MO－4000、交联剂 A 1 000 mg/L、交联剂 B 100 mg/L，模拟地层水矿化度为 19 334 mg/L、温度 80 ℃、注入量 1 PV、候凝时间 24 h。试验观察到露头砂动态成胶时间仅为石英砂的一半，残余阻力系数(FRR)的结果显示：玻璃模型中，弱凝胶均匀分布，可向深部运移并再次封堵孔隙，具有较强的深部调驱作用；石英模型中，弱凝胶集中于近入口段，有效封堵距离较短，可向深部运移，但不具备再次封堵孔隙的能力；露头砂模型中，弱凝胶集中于近入口段，强度很低，基本不具有深部调驱作用。原因可能是由于露头砂的吸附作用可富集交联剂，改变注入调驱剂的最佳配比，加快入口处交联速度，使凝胶本身强度、可运移性及深部调驱作用降低。

4.5 调驱技术应用

4.5.1 调驱技术在普通稠油油藏中的应用

含油砂岩地层通常由砂岩颗粒、胶结物及流体原油、地层水、油田气组成。岩石中孔隙组成连通的孔道和不连通孔隙，连通孔道的狭窄部分称为喉道。石油储藏是非均质的，它包括油藏、油层、砂体、岩心、孔隙等。经长期水驱采油后，油藏中部分石油的采出和岩石胶结物被冲刷，形成水的连续通道，扩大了原有的非均质性。在此体系中岩石孔隙的喉道直径为零点几微米至数十微米，使原油、水以分散或连续的状态分布在岩石孔隙中。

1. 调驱技术概述

弱凝胶是由低浓度的聚合物——交联剂聚合物形成的、以分子间交联为主、分子内交联为辅、具有非三维网络结构的弱交联体系。这样的弱交联体系在后续注入水的驱动下会缓慢地“整体”向前“漂移”，从而具有深部调剖和驱油的双重作用。

弱凝胶调驱技术中的“调”是指通过对油藏进行大剂量深部处理，降低高渗透层或微裂缝的渗透率，通过改善油藏非均质性，改变后续注入水的流向，从而扩大波及体积，达到提高原油采收率的目的。该技术中的“驱”是指通过降低油水黏度比，改善水驱油流度比，同时弱凝胶能够在水驱动下向前“漫延”，驱赶前面的流体向前流动，从而达到提高波及效率和驱油的目的。弱凝胶的“弱”是相对于常规不弱凝胶而言的。常规凝胶是一种连续的三维网状结构，由于聚合物浓度高，交联点多，交联强度大，又称为本体凝胶或不弱凝胶。弱凝胶中聚合物浓度相对较低，虽然交联反应多发生于分子间，但交联强度弱，在较高的压差下可以流动，又可称为可流动凝胶。

2. 调驱技术的机理

一是主剂选型或改性，使用超高相对分子质量的聚合物或缔合聚合物。一般使用超高相对分子质量的聚丙烯酰胺，但需要防止炮眼处剪切因素的影响。另外，可从化学组成、合成方法等方面对传统聚合物主剂进行改性，使之具有较好的抗温、抗盐性能。这类聚合物主要是缔合聚合物，在适当的交联剂作用下能形成强度较高的改性聚合物弱凝胶，并结合缔合、盐增稠、黏弹性等辅助机理，增加强度，提高抗温、抗盐性，延长有效期。缔合弱凝胶可用于复杂油藏条件，特别是高温高盐、大孔道油藏的深部调驱。

二是优选交联剂，选用活性有机酚醛交联剂。该交联反应最佳反应温度为 80 ℃左右，苯环的引入，大大增强了凝胶的热稳定性，因此，这一类交联剂能很好地应用于高温油藏的深部调剖。另外在酚醛交联体系中引入苯环后有助于增强体系的抗盐能力。

三是使用分子插层技术。分子插层技术中包括有机材料和无机材料，将小分子插入到大分子中，大分子相互渗入，增强抗温、抗盐性，使体系性能发挥得更好。

四是使用二次复合交联技术。该体系使用铬 - 有机酚醛复合交联体系。铬离子与梭酸基团作用，成胶快，可减少扩散与滤失作用。有机酚醛与酞氨基作用，成胶慢，在油层深部进行二次交联，保证注入性，提高耐温、耐盐性能，增强堵剂的强度和适应性。该技术适用于有微裂缝的复杂性地层。

3. 调驱技术在普通稠油油藏中的应用

油田污水中机械杂质含量高，污水处理中所做的过滤不可能除掉全部机械杂质，尤其是机械杂质中粒度在纳米级的胶体部分。而 LPS 配方中 HPAM 使用的是优良的絮凝剂，机械杂质尤其胶体部分的存在容易引起 HPAM 的絮凝。如果机械杂质数量不太多，没有静置的条件，机械杂质在 HPAM 分子上的附着并不改变聚合物分子结构，不影响交联反应的进行和交联聚合物线团的形成，以及其深部调剖的能力。

配制 LPS 的污水温度过高、氧含量过高，容易引起 HPAM 的氧化降解。过渡的氧化降解会改变 HPAM 的分子结构，影响交联反应的进行。前期研究表明，在相同的聚合物浓度和相同的交联比条件，平均相对分子质量在 $2\times10^6\sim2\times10^7$ 的 HPAM 具有相同的封堵岩心能力。说明 HPAM 仅有少量的分子降解，虽会降低 HPAM 溶液的薪度，但对交联聚合物溶液的深部调剖能力不会有重大影响。因此在污水处理中只要不使用爆气处理技术，配制时的温度不超过 60 ℃，就不会对 LPS 体系的性能有重要影响。

油田污水中含有某些细菌，如硫酸盐还原菌、铁细菌、腐生菌等，在遇氧后有时会大量繁殖，造成污水 pH 值下降，造成设备腐蚀，并在污水回注时堵塞地层。若这类细菌大量存在，其代谢产物对交联反应会产生影响。由于油藏的情况各异，以及各油田污水处理方法及处理质量的不同，污水性质差别很大。使用污水进行 LPS 技术的主要措施是调节 LPS 配方中的聚合物浓度、交联比和注入方式。

LPS 调驱技术可以在开发的早期实施，采出程度愈低，含水率愈低，增油、降水的作用显现愈快。在长期水驱、蒸汽吞吐，甚至聚合物驱以后，LEC 调驱技术仍能发挥作用，在经济上仍是合理的。对于小规模蹿水严重的油藏，LEC 调驱技术更易显示其优越性。在实施 LPS 调驱技术时，保持油藏内液流的稳定，有利于发挥 LPS 有规律地拓宽波及体积的作用。

开启新井，关闭旧井，或频繁地修井、过度地调参等作业都会不同程度地干扰LPS的液流改向作用的发挥，影响增油、降水的效果。

LPS调驱技术的最佳注入参数的确定取决于LPS调驱技术的调驱机理及数值模拟研究。对于LPS体系在孔隙介质中渗流行为的研究，依据堵塞孔隙条件，先堵大孔，后堵小孔。被堵孔隙的突破条件、液流改向的规律等机理问题尚需进行深入研究。相关研究者在对已有LPS调驱技术机理的认识基础上，在数值模拟方面进行了一些研究，这为LPS调驱技术的矿场试验注入参数的选取提供了参考，但由于目前矿场试验的完整性还欠缺，故数值模拟的模型尚需进一步的矿场试验数据的考验和完善。

4.5.2 调驱技术在注水井中的应用

注水井中的调驱技术主要是通过深部调剖，把由驱油剂、稠化剂、堵水剂和降阻剂等可以起到封堵作用的化学剂混合而成的综合调驱剂，利用注水井注进地层，对地层开展深部处理的二次采油技术。其具体的调驱原理是，一方面堵住地层内注水窜流的大孔道和高渗透带，保证注入水能在油层进行深部转向，提高注入的水波和体积；另一方面使调驱剂能在后续注水帮助下，进一步向地层更深处运移驱油，达到均衡吸水剖面和降低油水流度比。综上所述，调驱技术既能发挥调、驱的协同效用，又能对油层深部的非均质性进行改善，进而实现提高采收率的目标。下面先阐述调驱技术在注水井的作用机理及其性能评价，然后简介调驱技术在注水井中的具体应用。

1. 调驱技术在注水井中的作用机理及其性能评价

注水开发油田时通常会面临油井出水这个严重的问题。长期通过注水来开采的油田，因为油藏平面与纵向的油水黏度差异、非均质性和油水井组的不平衡等原因，造成了注入水沿着高渗透带窜进生产井，进而导致注入水在油田中的低效循环，不仅影响了采出原油的程度，还会因为管线腐蚀、处理产出液、能源消耗等因素而增加额外的采油成本，更会对环境造成严重的污染。为解决因为严重的油藏非均质以及注水的不利流度比等因素对注入流体波和效率产生的影响，可以采用以下技术手段：①改善注入流体本身的黏度，提高波及效率和流度比。此方法的典型代表是聚合物驱油，当满足其适用的油藏条件，此法对提高油井产量以及最终采收率有明显的效果；②是对注水井吸水剖面的调整或是对生产井的出水层实施堵水作业。这类方法针对的主要是油藏层之间因非均质严重而造成的注入水沿着高渗透层窜进了生产井，导致不均匀吸水以及油井过高的含水量等后果。

(1)缔合弱凝胶

其调驱机理是以分子间的交联为主，辅之以分子内的相互交联的三维网络结构，其整体交联程度较弱，但具有一定完整性和流动性，因此其黏度远远超出了同类聚合物溶液的黏度。这里所说的缔合弱凝胶的性质是介于本体凝胶与胶态分散凝胶两者之间的，其强度比分散凝胶要高，有着胶体性质所特有的热力学稳定体系。当缔合弱凝胶在较大的孔隙间流动时，会产生交联反应，也会随着黏度的增大而形成滞留现象，导致堵塞孔喉，或是使大孔隙内的有效流通截面变小，最终使得残余应力系数越来越高，造成后注入水或者聚合物溶液的分流并转而进入相对较小的孔隙，进一步驱替在油藏内部低渗透地点的原油。随着越来越多的滞留，注水压力会逐渐升高，但又受到缔合弱凝胶强度偏低的影响，加之后续流体的持续驱替作用，裂缝、次生大孔隙或大孔道中的缔合弱凝胶分子，可以通过多孔介质，再一次推进至地层的深处，就像"蚯蚓"一样，慢慢"爬行"着进入到油藏的深部，同时在其中造成一定的堵塞。缔合弱凝胶的性能主要表现在其较好的稳定性，在 90 ℃中放置 90 d 后的黏度保留率仍可保持在 90% 左右，其次是其较长的成胶时间以及不错的盐增性。

(2)高强度凝胶颗粒

高强度凝胶颗粒是由交联剂、聚合物（或单体）以及其余添加剂通过在地面的交联等工艺过程而加工完成的。高强度的凝胶颗粒调驱剂可在地层内向其更深部进行推进，该凝胶颗粒在水中以分散微粒的形式存在，且有一定体膨型，被注入地层孔喉之后，因受到近井地带的较大压差，微粒会在水驱压力的作用下发生变形，进而驱动孔隙中的剩余油运移至生产井，从而起到驱油的作用。在油层的深部，因为较小的压差作用，该颗粒会滞留在孔隙中，封堵孔隙通道，因此有使深部液流转向的作用。

2. 调驱技术在注水井中的具体应用

(1)调驱技术在注水井中应用思路

根据注水井具体情况，实现"四个转变"：

①从注水井深部调驱向以封堵缝隙大孔道为主、深部调驱技术相结合的转变；

②从注水井调剖向油、注水井双向调整的转变；

③从单一井组的调剖向区域性井组整体性调剖的转变；

④调剖剂从原来单一的有机体系向有机与无机相结合体系的转变。

(2)优化调剖体系

通过室内试验研究堵剂的特性，诸如其膨胀性、抗盐性、耐温性、老化稳定性、地层流体配伍性及注入性等，从中优选出符合注水井工程所需的堵剂体系，然后通过调整不同堵剂之间搭配的比例与浓度达到堵缝的目的。对于裂缝孔隙型见水井组，应采用以堵为主、堵调相结合的方法，具体说来就是增加调剖剂与缔合聚合物的量，适度降低水驱流向改变剂和预交联颗粒等堵剂的量，从而达到堵调相结合的目的。而对于裂缝见水井组而言，需采用以堵为主的方法，主要就是增加水驱流向改变剂等堵剂的量和浓度，以达到封堵的效果。在使用堵剂和调剖剂的时候，要根据实际压力的变化情况，及时改变堵剂或调剂的比例，以便堵剂或者调剖剂能够向更深部运移，扩大调驱范围。水驱流向改变剂、预交联颗粒能够溶于水，其进入地下层后能够很好地封堵裂缝，根据形变的可逆性，实现藏油区深部流体转向的目的。调剖剂在水中的悬浮性好，可以提高颗粒等堵剂的携带能力，能够较为容易地把颗粒等堵剂带入底层深部从而封堵裂缝，达到调驱的目的。

(3)段塞结构优化

根据具体施工状况，对注水井进行分段堵塞，以便能够充分发挥堵剂在远地层、中地层及近地层的堵调作用。注意对于堵塞的分段，要科学合理，不可盲目分段。分段完成之后，针对不同地层的具体情况进行堵塞。哪层用哪种调剖剂或者堵剂应该合理把握，最好请有经验的工程技术人员给予意见或进行指导。在使用堵剂时，要把握住量与浓度，其依据是以堵为主还是以调为主。

(4)注入参数优化

在实际施工注入时,要特别注意注入堵剂浓度与用量的把握,多了会造成原料的浪费,少了工程质量会出现问题。对于各种堵剂的浓度比例要配置准确。注入时为了达到彻底封堵高渗层的目的,其注入宜采用先快后慢的方法,从而提高推进的深度,实现堵、调方式的结合。

4.5.3 调驱技术在边底水油藏的应用——以 H 油田为例

1. 早期注水与合理流压控制技术

H 油田 Z 区块在 2003 年针对特低渗透油藏采用的技术是早期注水以及进行合理流压控制。这项早期控制技术需要在注水 5 个月之后,油井才能够开始生产,此时油层压力比原始油层压力要高出 1.1 倍。分析该区块自投产以来的生产动态资料,与没有利用这项技术的 M 区块相比较,Z 区块初期油井产量要高出 M 区块油井产量,高出了 25%;稳定期油井产量高出 M 区块大约 12%。该项技术的使用使得 Z 区块油井压力保持在较高水平,与 M 区块相比,年自然递减率下降了 6%左右,各项开发指标 Z 区块均好于 M 区块。这项技术的使用给 H 油田早期开发带来了良好的效果。

2. 深度调驱技术

H 油田 B 区块在没有使用深度调驱技术之前,经过 30 多年的发展,虽然已经进入高速生产阶段,但是剩余油分散、无效水循环现象严重,并且采油含水量在 94% 以上,很难做到稳产增收。为了解决这一问题,H 油田 2009 年开始在 C 区块开展调驱实验,向油井内注入调驱剂累计 10 960 m^3,调驱开始和结束的压力分别为 6.2 MPa 和 8.4 MPa,调驱实验过程中施工压力保持在 13.6 MPa,通过数据分析我们可以得知,调驱实验过程中注入的交联聚合物在封堵高渗透带方面起到了突出作用。由此可见,调驱技术在油井采油方面起到了积极作用。调驱实验之后 C 区块采油含水率降低,产油量明显提高,产液量下降。值得注意的是,C 区块在进行调驱实验之前对采油施工工艺进行了改进,在一定程度上起到了改善调驱实验效果的作用。这说明调驱技术的使用,再加上良好的施工工艺才能够取得良好的采油效果。

3. 调整技术对策

(1)改变注采井网形式

油田经过多年注水开发,地下形成注水通道,油井高含水,注入水利用率低。在主体高渗透带注水可以提高水驱油效率,降低储层非均质矛盾,实现有效、高效注水。因此,在主体带部位部署注水井或高含水油井转注,在主体相带边位部署采油井,形成高注低采的油水运动格局,可扩大渗流场运动范围,保持地层压力,取得较好的增油效果。

(2)采取“点弱面强”的注水模式,扩大波及体积,改善水驱效果

高含水开发后期,水淹、水窜等突出的注采矛盾制约了有效注水量的提高。为了避免水淹和水窜,可以采取单井点相对低强度的温和注水,利用区块实现高注采井数比,即“点

弱面强”的注水方式。“点弱”有利于缓解注水井的层间吸水差异，提高油层动用程度，而“面强”有利于提高注水波及面积，减少平面矛盾。“点弱面强”的注水方式，可以提高注水利用率，挖掘注水波及不到或水驱效果不好所形成的剩余油。

(3)不稳定注水，扩大微观波及体积，提高驱替程度

不稳定注水可以调节地层的压力，实现地层的升压及降压。不稳定注水可以分为周期注水、脉冲注水及间歇注水等方法。地层的注水量可以进行大幅度的上调和下调，确保产生的压力能够促使低渗透含有空隙中的原油流向高渗透孔道内，从而使微观注水的体积增大，提高整体调驱程度。不稳定注水能够改善调驱技术。

(4)进行深度调驱，改善水驱效果，挖掘剩余油

针对由于油藏非均质、井网及流度比等因素，经过四期注水冲刷，油层中压力场、流线场形成定势，形成的水流优势通道导致注入水低效或无效循环的问题，相关研究者开展了注水井调驱的增油降水工作。注水井调驱技术是以地层充分调剖为主、高效驱油为辅的二次采油技术，该技术一方面能够有效封堵地层中注水窜流的高渗带和大孔道，改善油层深部的非均质性，提高注入水在油层深部的微观波及体积，驱动原来注水波及不到或波及不好的低渗透部位大量的剩余油流向生产井；另一方面，注入的调剖剂在后续注水作用下，可向地层深部运移驱油，有效提高高渗透层的驱油效率。

第 5 章　周期注水技术

周期注水就是按照周期进行注水，也被称为间接性注水、不稳定注水及脉冲注水。周期注水被用作油田开发采用的技术，对于减少所开采油的含水量具有重要的作用和意义。周期注水是通过注入水或者灌注压力的方式，让油田内部形成高、低压两种压力情景，按照物流从高压流向低压的基本原理和运动规律，让油田内部的油量实现从相对高压往相对低压的方向运动，实现油量的最大集中，从而实现油田开发。在周期注水的过程中，有一个十分重要的影响因素，那就是渗透率。渗透率是指地层允许水等液体渗透的能力，渗透率越高，水消失就越快，对于油田开发质量提升的负面影响就越大。

5.1　周期注水技术国内外研究现状

周期注水技术最早在 20 世纪 50 年代末 60 年代初由苏联最先开始应用，随后在苏联和美国等国家得到广泛的应用。国内在 20 世纪 80 年代才开始有目的地推行周期注水技术，也开展了相关的室内实验、理论研究及矿场实验。

5.1.1　周期注水技术国外研究现状

苏联在 20 世纪 50 年代末 60 年代初，其苹果谷油田为了解决油藏的含水问题，采用了石油专家苏尔古切夫提出的周期注水的方法，应用后发现周期注水对提高采收率有一定的作用效果，随后苏联在国内开始较广泛地推广该技术。

美国的 Spraberry 油田 Driver 区块自 1952 年开始根据自吸渗驱油的原理进行小型注水试验，但没有得到良好效果。1961 年，该区块根据油藏的实际特点，改注水方式为间歇注水，原油采收率明显提高，但是因为周期注水后油层压力下降太大，最终停止了周期注水。因此，周期注水方法在美国并没有得到普遍应用。

在同一时期，奥甘贾尼扬茨、博克塞曼等苏联学者采用建模的方式对层状砂岩展开不稳定注水研究，这个模型可以模拟平面非均质性和纵向非均质性。他们的理论认为在定期注水期间，当油层压力降低时，由于毛细吸收，在油层中有很强的流体再分配现象，最终导致原油从低渗层驱替。同时，利用该理论可分析出毛细管处在多孔介质下展现出的保水效果；另外，还针对岩石存在的湿润性以及原有存在的黏度等因素对水驱效果的影响进行分析，但是，他们并未指出弹性力对周期注水的作用。

自 1965 年起，苏联为了更好地验证周期注水实验的效果，在 26 个油田当中划定了 43 个试验区，作为周期注水实验的实验对象，广泛应用于三个油田当中，分别是西西伯利亚、慰靶和古比雪夫，采收率提高了 1.8% ~10%，矿场试验效果良好。从 20 世纪 70 年代开始,周期注水技术手段已然演变成国外一些注水油田改善开发效果的主要方式之一。20 世纪 70 年代,岑科娃等首先建立了周期注水的数学模型。该数学模型包括两个渗透层,即高渗透层和低渗透层。为了计算高渗透层和低渗透层之间的交叉渗流,引入水的滞留系数概念,并编译对应的计算机程序。该模型与其他模型的区别在于考虑的因素较少,且深度较浅,大多数的结果都采用的是近似值,这在水的滞留系数上表现极为明显,缺乏了物理意义的支撑,因此研究结论不全面、不深入,机理的关键问题也无法表现。

1988 年,西格蒙德等为了分析注水速度对不稳定注水效果的影响,进行了不稳定注水条件下油水两相岩心驱替模型的室内实验。

1991 年,墨西哥相关专家针对裂缝和孔隙介质,构建出以周期注水为核心的相关数学模型。分析模型中触及的扩散系数、毛管力、润湿性等参数值,但是未能考虑流体弹性力所产生的作用机理,分析模型之后可以获得饱和度分布的解析解。然而,由于所提出的数学模型过于简化,因此这些方法无法得到广泛的推广。

2002 年,Surguchev 等进行了不稳定注水与常规注水的对比实验,实验分析了不稳定注水提高采收率与基质渗透率的关系。结果表明,当基质渗透率等于 50 mD 的情况下,基准实验的产油量远低于不稳定注水,且比例达到 11%。

2004 年,M. T. Stirpe 等对委内瑞拉 Lagocinc 油田的不稳定注水进行了数值模拟研究。数值模拟结果表明,周期注水比常规注水开发效果好,但随着地层压力的降低,周期注水效果变差,当达到泡点压力时,开发效果最差,采用 1:3 的增注、减注时间此时的非对称周期注水效果最好。

2006 年,M. Araujo 同样采用建立油层模型的方式分析驱油效果,分别比较连续注水和周期注水当中的表现,结果表明,在周期注水条件下,储层润湿性和非均质性均影响不稳定注水的效果。

2008 年,列昂尼德·苏古切夫等在碳酸盐岩储层进行了循环注水驱替试验。实验发现,在饱和压力较高的情况下,循环注水的采收率比常规注水要高 2.9%,在饱和压力较低的情况下要比常规注水提高 5.9%。前者是由于毛细管吸收和保留,可以替代基质中的剩余油;后者是由于溶解气体释放的弹性能将残余的油从基质中转移到裂缝。同年,A. A. Shchipanov 等对周期注水在非均质砂岩油藏的影响及表现出来的驱油效果展开深入研究,发现停注时间较长可以提高 5% 的采收率,比较短的停注时间可以提高 3% 的采收率。

2009 年,Sathish Kulathu 等利用美国阿拉斯加 North Slope 的岩心,进行了低盐度周期注水的室内实验,实验结果发现岩心驱油实验在周期注水与低盐度相结合的条件下,可以提前达到残余油饱和度。

2012 年,康斯坦丁·费多罗夫通过数学理论推导和油藏数值模拟技术,建立了一种简单、实用的周期性注水参数计算方法。利用这种方法,能够准确且清晰地了解储层中的情况,并掌握周期注水井的位置、注水周期和幅度等,并在 Umenskoe 油田的 South-Usanovskoe 区块进行了实例计算。

5.1.2 周期注水技术国内研究现状

我国开始周期注水技术研究相对比较晚，直到20世纪80年代后期，我国由水驱开发的主要砂岩油田先后进入了高含水期后，大庆油田和胜利油田等才开始进行周期注水试验，大部分试块取得了一定的开发效果。随后，周期注水在我国才广泛推广应用。国内对周期注水的研究主要是室内实验、理论研究及矿场试验三个方面。

1. 周期注水的室内实验

2000年，殷代印等在平面非均质性和纵向非均质性岩心实验的物理模型上进行了两项注水驱油实验，分别是不稳定注水和连续注水，实验对周期注水的作用加以验证，使得纵向非均质砂岩油藏的开发效果得到大幅度的提升。在这一实验中，在没有考虑弹性力作用的前提下，准确验证了毛管力是主要影响周期注水的因素之一。毛管力在宏观水平上的作用是引起高渗透层和低渗透层之间的流体交换，微观作用是在封闭的孔、细孔通道和粗孔通道之间进行液体交换。

田仲强等在验证砂岩油藏不稳定注水与采收率关系的过程中，采用建立物理模型的方式对正韵律和反韵律的砂岩油藏进行注水，结果显示砂岩油藏不稳定注水在其中能够发挥显著的效果。

2001年，张煜等采用玻璃微珠填充模型进行不稳定注水模拟，实验结果显示，当综合含水率达到91%以上时，才正式进入不稳定注水实验环节，从原油采出程度的角度来看，正韵律模型更具优势，采出效果更好。后来研究人员又通过VIP模拟器进行数值模拟，证明只有在毛管力和弹性力的共同作用下才能保证周期注水过程的进行，对部分区域的剩余油周期注水也能够完成开采工作，使得原油产量增加。随着高或特高含水期的转入，周期注水表现为高低深层交渗更充分，这更有利于毛管力和亲水油藏的渗吸作用。水井强注油井停产方式在注水周期的应用，能够表现出较高的采收率，注水波动幅度高于50%时效果最好。在室内实验和数值模拟的基础上，对不同油藏，包括层状非均质油藏、窄屋脊式油藏等采取不同的周期注采方式，均取得较好效果。

2003年，张继春等利用长岩心模型模拟了三种不同情况下的周期注水过程，分别是不同原油开发阶段、地层参数和注水方式，通过实验表明周期注水的实施并不会因孔隙结构类型的差异而受阻，进而提出相应的压力扰动弹性效应，即在油水重新分布的环境下，在油层弹性力和毛细管力滞水排油作用相结合的情况下并不能充分解释两者机理的主要作用和次要作用。

2004年，高养军等将江苏油田作为研究对象，根据其表现出来的注水效果和影响因素通过现代物理模拟方法进行实验。实验表明，不稳定注水对地质条件下的储层平均采收率有提高作用，增油效果最佳值表现在不稳定水的总和含水率，二者成正相关。2005年，孟翠萍等对不稳定注水提高采收率的观点进行岩心实验验证，表明不稳定注水并不会因地质条件的变化而表现出不适应。

2018年，为了了解周期注水的影响因素及其对采收率的影响，赵军开展了室内物理模拟实验,建立了一维物理模拟驱替系统。实验结果表明,周期注水时间越早越好。

2. 周期注水理论研究

在 20 世纪 80 年代,以陈钟祥学者为代表的学术团队着手研究裂缝和孔隙双重介质的相关问题,并配套完成了周期注水数学模型的建立,这一模型印证了毛管力在周期性注水时可起到对应的渗吸作用。随后,1993 年,计秉玉研究团队针对周期注水在采收率改善方面的影响因素,即地质工程因素,选择正交试验法,设计了对应的剖面模型数值模拟计算方案,研究结果显示,对于特定的油藏,特别是较高原油黏度或者是正韵律、复合韵律、油湿油藏和强非均质性地层等类型中,周期注水效果更好,同时周期注水并不会受到周期时间的显著影响。

同年,俞启泰首次利用 VIP 模拟器和地质模型进行了周期注水的油藏数值模拟研究。最终发现,对于周期注水的工艺而言,不同的力也会发挥不同的作用,其中毛管力起主要作用,弹性力起次要作用,重力则基本不起作用。在此基础上,第二年,俞启泰依然应用油模的方法,针对周期注水有关的影响因素展开深层次分析。

1997 年,陈朝晖建立了一个用于研究非均质油藏周期注水渗流机理的一个数学模型,该模型的最大特征是对双渗透系统的仿真,针对油水驱替整个环节的计算方式依旧使用该模型进行;结合常规注水遭受影响的两项因素展开分析;分析周期注水环节存在的驱动机理,主要以油藏条件以及注水方法及各项参数作为核心,将周期注水实现有效优化,并提供了有效的理论参考。

2000 年,殷代印等通过建立周期注水在非均质层状砂岩油藏的数学模型,提出了一种流动系数取值的新方法,进而对相关数值解进行了推导,可以细致地对注水停注环节毛管力吸渗现象进行描述。此外,基于裂缝性砂岩油藏,围绕周期注水,分别研究了其数学模型和影响注水效果的相关因素,完成了相关数学模型的建立,并提供了相应的数值解及解析解。

2003 年,路士华等对层状砂岩油藏周期注水动态参数的优选进行了研究。他们利用反映层状不均质性的二层地质模型,对层状砂岩油藏的周期注水开发进行了解析求解,对周期注水效果相关影响的因素进行了研究,针对注入水的两大指标,即波动幅度以及波动频率完成了对应的优选,为有效地实施周期注水提供了理论依据。

2003 年,彭苏萍等在针对层状砂岩围绕周期注水开展研究时,选择了动态模拟方法,结合与其有关的开发制度,构建出完善的数值模型,以此解析周期注水存在的问题,并将周期注水各项环节的影响因素进行研究并汇总,对注水环节存在的波动幅度及频率等进行合理化的选择,继而得出合理的周期注水有关动态参数,让其整体的效果及价值得到凸显。

2005 年,姜泽菊等对影响注水开发油田的因素进行了探讨和研究,开展了深入的分析和研究,提出了对应的适用条件及相应的可行性计算公式,深入剖析了对周期注水的最终效果产生影响的相关因素。

2006 年,高淑明针对萨北开发区的油层沉积特点和特高含水期剩余油分布特点,在已有实践经验基础上,应用水动力学原理,结合数值模拟研究思路,围绕周期注水优化了对应的参数及方式方法,对液流方向进行了调整,进而改善了油井间歇采油的开发效果。

2010 年，雷登生基于在周期注水开发中毛管的驱替和吸入过程交替进行的原理，利用一维岩芯数值模拟技术研究了水驱油一维流动中实际油藏周期注水吸入过程机理，认为吸入时间短致使流体交换不充分，并结合毛管力、油水黏度比、含水饱和度展开对吸入环节平衡时间产生的影响效果进行分析。

2013 年，姜瑞忠采用数值模拟方法，模拟周期为 1 ~5 个月不等的对称和不对称的注采时间，分别对周期注水中的毛管滞后现象和考虑毛管滞后的周期注水作用机理进行了研究。研究结果表明，周期注水驱替过程中，驱替过程和吸入过程交替进行造成含水饱和度发生周期性变化，使得毛管滞后，从而产生介于驱替毛管压力曲线和吸入毛管压力曲线之间的新的毛管压力曲线。

2016 年，何增军以扶余油田为研究对象，针对其自身存在的严重无效水循环、非均质强及高含水等相关问题，以岩心尺度为基础进行油藏数值模拟仿真研究，对特定的参数，包括含油饱和度场、注水实际，以及注水的方式和速度开展研究。模拟结果表明：不建议对矿场实行长期单一的注水制度，应尽可能使用周期注水方式。

3. 周期注水的矿场试验研究

1990 年，大庆油田对其第四、第六、第七产油厂进行了周期注水试验，取得了有效的增产成果。例如，采油四厂杏六区中块从 1993 年 3 月起实施周期注水，生产 3 年内共增油 1.04×10^4 t，最终采收率提高了 1.43%。与此同时在胜利油田的第 21 断块油藏自 1995 年 7 月起实施周期注水，生产 2 年累积增油 2.04×10^4 t，含水上升率明显低，采收率提高 1.9%。

张勇等在金南 3 号油田 2003 年陆续进行了长达 2 年多时间的第一周期注水矿场试验，并且在试验环节，配套了两次小规模脉冲注水，即进行 8 个月的主注水阶段，9 月停注，再开始两个短期的脉冲注水阶段，注 1 月停 6 月，注 1 月停 3 月，延长了井见效期，采收率提高了 8%。该试验也验证了在封闭性的低渗断块油藏进行周期注水可以进一步控制由于压裂而出现的注采井网的不适应性，可以优化油田开发效果。现在油田的大部分渗透率低且含水率高的油藏普遍存在储层物性差异大，层内非均质严重，由于储层非均质引起吸水剖面不均匀，水驱采出程度低等一系列问题，因此喻景华在一个低渗高含水油藏进行周期性脉冲注水试验，注水周期选择 35 ~40 天，结果表明油井的综合含水率下降了 1.6%，从而得出周期性脉冲注水可以改善储层非均质性严重的低渗油藏注水开发后期的水驱油效果。

1998 年，王学立对舍女寺油田进行超短周期间歇注水试验，结果表明注水周期和频率及层内含水量对采收率有影响，超短周期间歇注水对油层动用有明显改善，但对低渗透高含水油藏开发效果不明显，对中、低含水油藏有较好效果。在进行超短周期注水试验后期，出现泵压达不到实施要求，没有完成日配注量的指定目标而选择结束试验的问题。2010 年，王建平等通过在胡状集油田的极复杂断块油藏应用高压短周期注水方法，使注水量和注水压力增大，注水强度显著提高，采用高压短周期注水方式对层内整体吸水剖面有明显改善，有效控制了强吸水层，动用了新的储层，并避免了储层内的突进和水淹现象。

从已知周期注水的矿场实例来看，采收效果基本都有了很大的改善，其主要优点是：增产效果好，明显降低产液量，缩短高含水上升期，采收效果好。

5.2　周期注水效果的影响因素分析

影响周期注水的因素很多，既有油层本身的原因，也有开发上的因素，具体包括油层的非均质性、岩石的润湿性、毛管力、原油物性、开发井网、注水时机、压力保持状况、注水强度、注水周期等。这些因素可选用不同的参数来模拟，比较最终结果，从而分析这些参数的影响。

5.2.1　平面非均质性的影响

下面分析稳定注水和周期注水两种情况下的开发效果。两种注水方式中，除了注水井生产制度外，其余参数均相同，整个开发期间的总注水量和总采液量也相同，取综合含水率为 95% 时为最终采收率，结果如图 5 - 1 所示。

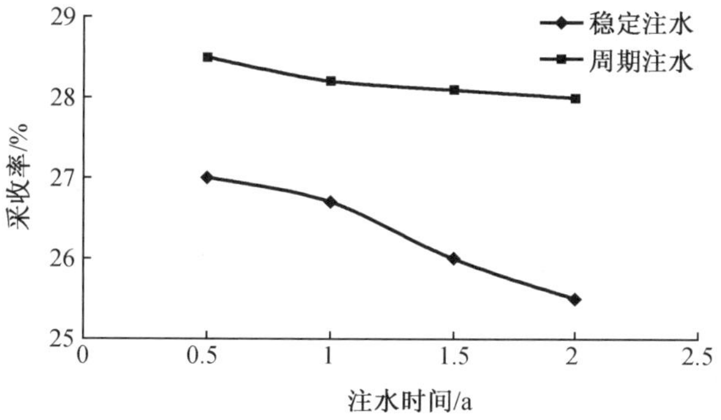

图 5 - 1　平面非均质性的影响

结果表明，随着非均质程度增加，两种注水方式下的采收率均降低。随着非均质程度的增加，进行周期注水而增加的采收率也随之增加。原因是地层越不均质，水驱后剩余在低渗透率地层中的剩余油越多，这样为周期注水提供了较多的作用对象，所以增产效果越明显。

5.2.2　纵向非均质性的影响

实际地层纵向非均质性非常严重，对周期注水的影响比较大。我国大部分油田都是河流湖泊相沉积类型，油层在纵向上是由许多渗透率互不相同的小层构成的，差异比较大。考虑四种不同的高低渗透率比值情况下的周期注水效果，结果见图 5 - 2。随纵向渗透率非均质性的加大，周期注水的增产效果变好，原因是渗透率差异越大，造成的层间周期压差越大，交渗流量越大。

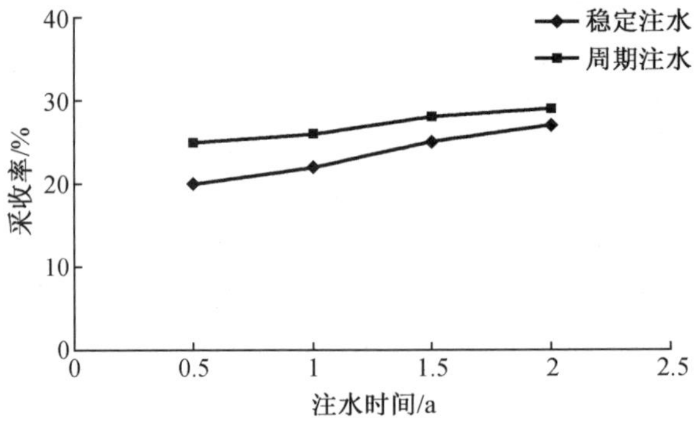

图 5-2　纵向非均质性的影响

5.2.3　油藏岩石润湿性的影响

以油水相对渗透率曲线的变化来反映岩石润湿性的变化，采用水湿、中性、油湿三种类型的油水相对渗透率曲线，类型由油水等渗点来区分，等渗点分别为含水饱和度为0.70、0.50、0.46。计算表明，不论何种润湿性，周期注水均能增加开采效果。水湿油藏的增产效果略高于油湿油藏，因为对于低渗透层而言，水湿时更有利于水的进入。

5.2.4　毛管压力的影响

试验选用四组强弱不同的毛管力曲线，压力值逐渐增加，不考虑毛管力的情况，共五组数据。计算这五种数据的周期注水效果，如表5-1所示。根据结果可得：不论考虑毛管力与否，周期注水均能提高开采效果；随毛管力增加，不论何种注水方式，采出效果都增加，说明水湿油藏毛管力是驱油动力；考虑毛管力的增产效果远好于不考虑毛管力的增产效果，说明毛管力对周期注水影响很大；增产效果的水平不与毛管力大小呈线性关系，当毛管力超过一定值后，周期注水的效果就要下降。

表 5-1　毛管力对周期注水效果的影响

毛管压力	采收率/%		
	稳定注水	周期注水	增加值
无	22.19	23.09	0.9
1倍	22.49	24.87	2.38
2倍	22.92	25.47	2.55
4倍	22.99	25.93	2.94
8倍	23.94	26.61	2.67

5.2.5　原油黏度的影响

考虑三种不同黏度下的油藏,其余条件相同。结果表明,随着原油黏度的增大,稳定注水和周期注水的油藏采收率都在下降;但是在任何一种原油黏度下,周期注水的采收率都要高于稳定注水的采收率,而且随着原油黏度的增大,周期注水提高油藏采收率的效果不断降低。

5.2.6　注水强度的影响

周期注水提高油藏采收率的效果不仅与地质因素有关,而且与开发因素也有关系。周期注水的注水强度是指在实施周期注水的过程中,注水井增加或减少的注水量与稳定注水时注水量的比例。计算结果表明,随着注水强度的增大,周期注水的效果也提高,强度越大,在地层中造成的周期性压力差也越大,不同渗透率层间的交渗流量也越大。但是随着注水强度的增大,周期注水的效果的提高并不是线性变化的,在强度达到一定程度后,提高的效果会有所变缓,这是由于在实现周期注水的过程中,会有一个增注的过程,注水量猛增,对于非均质的地层来说会引起地层中水的突进,造成含水率上升得太快,降低了采出效果。因此在实际的周期注水操作过程中,不宜采用很大的注水强度,同时现场的注水设备、注水井井身管柱也不一定能承受很大的注水强度。

5.2.7　注水时机影响

注水时机指何时由稳定注水转入周期注水。选取在低含水期、中含水期、高含水期不同时间点由稳定注水转入周期注水,计算表明,随着稳定注水转入周期注水的延迟,周期注水的效果越来越差。此外,在含水率处于 0% ~30% 期间内进行周期注水时,效果相差不大,在超过 30% ~50% 以后,采收率迅速下降。目前,我国的油藏一般都处于高含水期,其效果会降低,但是仍可以提高采收率 2% ~3% ,因此周期注水可以作为一种提高采收率的措施。

5.2.8　注水周期的影响

注水周期指升高注水量和减少注水量这个过程所经历的时间,可以分为对称周期和不对称周期。数模计算表明:对于对称周期,半周期越长效果越差,半周期越短效果越好;对于不对称周期,增注半周期越短,减注半周期越长,效果越好。增注时间越短,可以在地层中迅速建立起较大的压力差,有利于水进入低渗层;减注时间越长,低渗层中的流体流向高渗层中越多,使层间的交渗流量变大。再考虑一种极端情况,在注水井增注时油井停产,水井减注时油井生产,在这种情况下,效果更好,但现场实施很困难。

5.3 应用周期注水方式改善油田开发效果

随着世界经济的不断发展进步，能源问题成了经济发展过程中的主要问题。石油作为世界能源结构的主要组成部分，其开发方式和开发技术也决定着油田的开发水平。在诸多油田开发方式当中，注水是应用范围最广泛的油田开发方式，同时也是提高油田采收率最经济的方式。但是应用注水的方式进行油田开发会导致后期油田进入高含水期之后，注入水对波及体积的影响越来越小，同时之前注入的水已经在油田内部形成了水窜通道，随后注入的水会沿着这些通道被采出地面，导致直接注水的方式对当今油田的开发来说，作用越来越小。同时随着油田注入的水分越来越多，油田内部的油、气、水及岩石等元素都会受到影响，导致性质发生变化。因此总的来说，通过长期注水的方式对油田进行开发会导致油田工作量加大，但是却不能稳定增产增收，同时还会对油井内部造成不良影响。

5.3.1 周期注水模式的工作原理

在当前的油田采收模式当中，周期注水模式可以说是原油采收效率最高的注水方法，这种方法的工作原理和普通的水驱油完全不同，它是借助压力波的传递速度会受到渗透媒介影响的运力进行工作的，因此只需要按照一定的周期向油田注水，就会促使油田内部产生不稳定的压力场，由此促使油田内部的液体产生不稳定的交渗流动现象，通过这种方法能够全面提高采收效率，提高油田的经济效益和社会效益。在升压的半周期当中，会逐渐向油田内部注水，因此油田本身的注水压力增加，所以一部分水分会由于这些压力直接进入到低渗层及油田高渗层内部的低渗段，这些水分会驱出在传统注水模式当中没有被驱出的剩余油分，同时还能够对吸收剖面进行改善；与此同时，另一部分水分会随着注入量的增加而在大孔道当中流动，这部分水会克服毛细管力的作用沿着高渗层与低渗层之间的交界处流到低渗段当中，能够促进低渗段内部的残余油分被驱出，同时，注水压力的增加还能够帮助低渗层的弹性能增加。因此就升压半周期的油田注水情况来看，水量越大，油田内部的流体活动就越剧烈。这种情况在进入降压半周期的时间段时会得到改善，在这一阶段，高渗层和低渗层的传导速率会产生差异，高渗层的压力下降会更快，而低渗层的压力下降则会相对较慢，因此这两个不同性质的渗段会形成一个反向的压力梯度。与此同时，油田内部还会受到毛细管力和弹性力的作用，导致两个不同渗段的交界处会出现低渗层的水和油会有一部分向高渗层的大孔道地区流动，同时由于生产压差的存在会导致后来的驱替水向生产井流动。因此在这一时段，水量越小，渗透段的能量就会下降越快，这对于低渗层的储备能作用发挥提供了巨大的有利影响，同时在高渗层地段，毛细管力和弹性能会影响高、低渗层交界处的流体流入高渗层的量，帮助油田提高生产水平。

5.3.2　周期注水的工作方式

周期注水的工作方式主要受到注水频率的影响，通常来说，由于注水情况不同，会产生对称型和不对称型两种周期注水方式，其中对称型的周期注水方式是指注水的时间和停止注水的时间各占一半，而不对称型的注水模式是指注水和停止注水的时间并不相等。根据注水和停注的长短不同，周期注水方式还可以具体划分为短注长停型和短停长注型。相关的工作人员可以根据油田的实际情况选择具体的注水模式。为了提高油田的开发质量，我国各大油田对周期注水模式展开了积极的研究，根据不同的油田和不同区块支架的具体条件不同，制订了很多关于周期注水的方案，具体来说主要包括：将注水井分为若干组，不同组之间轮流注水或者停注；将注水井内划分了几个层段，轮流进行注水或停注；在整个区块内部进行注水和停注；在注水井内部交替停注、注水等。虽然这些注水方式有所差别，但是在提高油田的生产水平方面都发挥了重要的作用。对于油田来说，周期注水的模式是多种多样的，没有任何一种方式是适合全部的油田的，这就需要相关的工作人员根据实际的条件来合理选择和制定。比如大庆油田的太南开发区，这个地区处于高寒地区，同时这个油田的注水井配注量较低，因此冬天很容易导致冻结的情况发生，因此在这一时段，工作人员就采取全部净水停注的方式。在进行周期注水的过程中，不对称的短注长停模式是需要尽量避免的，同时在注水的半周期内应该尽可能地提高注水速度，这样能够便于地层压力尽快恢复到预定水平，同时在停注的周期，应该尽快提高生产效率，确保能够在地层压力允许范围内尽量提高生产量，确保获得良好的生产效果。

5.3.3　周期注水的影响因素

1. 韵律性

一般来说，石油开采的韵律性主要体现在正韵律、反韵律和复合韵律方面，通过对连续注水和周期注水来进行模拟计算，然后比较周期注水的采收率。从相关实践可知复合韵律对油田的采收效率的提升效果最明显，从注水模式的情况来看，周期注水具有明显的优势，在油田的采收率和注水效果等方面，周期注水都要明显优于连续注水。

2. 层间渗透率差异

就层间渗透率的差异情况来看，周期注水模式能够全面提高采收天数、采收率等参数，提高油田的开采效果。通过上述实验可以证明，随着层间渗透率差异的不断变大，连续注水模式会导致油田的开采效果变差，究其原因，在于高渗小层导致水分向生产井流动突破，这就会直接降低波及参数，导致开采效果下降。

3. 原油黏度

原油根据黏度情况的不同，可以分为低黏度原油、中黏度原油和高黏度原油三种情况。对连续注水和周期注水两种情况进行分析，可以发现无论是低黏度原油、中黏度原油还是高黏度原油，周期注水对于油田的开发和改善情况都要远远优于连续注水。在三种黏度的原油开采情况中，黏度越高的原油，注水情况对油田开采的改善效果越差，究其原因，在于原油的黏度越高，注水形成指进现象的概率就越大，这就会导致油井见水的速度加快，这种现象对于高黏度油藏的注水开采来说十分不利。

5.3.4 周期注水的注水量确定

在进行周期注水时，应该遵循注采平衡的原则，但是在实际的操作当中发现，通过周期注水之后，油田的含水量和产液量都会有所下降，同时波及体积和注水的效率都会提升，所以在实际的注水操作当中，应该将注水量确定在比理论上的注水量稍少的量上。同时根据国外相关方面的经验，周期注水的水量需求要比连续注水要少，具体的量维持在连续注水时的 70% ~90% 为最佳，但是由于在实际的操作当中，需要考虑停注时间的因素，所以实际的注水量要多于理论的注水量。具体的注水量还需要相关的工作人员根据油田的实际情况来确定。

5.3.5 周期注水改善油田开发效果的可行性分析

周期注水对改善油田开发效果的可行性主要表现在两个方面：一方面是周期注水在油田开发当中的运用已经由来已久，在油田开发的过程中，周期注水本身的技术特质，能够直接影响油田开发的效果，这是实践经验已经证明的，因而是可行的；另一方面，在地质层中，油并不是单独存在的，是具有一定的含水量的，油相对于水更轻，会漂浮于水面，基于此原理，周期注水才能够改善油田开发的效果。

5.3.6 周期注水在油田开发中所存在的问题

(1)油田开发过程中，周期注水操作的现场管理存在不当。周期注水施工现场，有大量的人员和设备，会有相应管理人员及技术人员进行现场操作监督，实施技术指导等，由于油田开发大部分是在偏远地区，这些地区的生活和工作条件十分恶劣，许多管理人员和技术人员无法随时跟随施工队伍到施工现场进行注水指导，从而导致油田开发现场周期注水的可操作性大，存在许多不负责任的操作，大大降低了油田开发效率。

(2)油田开发过程中，周期注水操作人员的素质参差不齐。周期注水需要有熟悉操作技术的施工人员，或者高素质的技术指导人员现场进行指导和操作，但是，由于缺乏对应的指导人员，以及操作人员本身素质参差不齐，导致周期注水过程存在很多问题，例如，周期注水的时机选择不当等。周期注水包括多种，其中间歇性注水对时间的要求相对比较强，在实际注水的过程中，一定要坚持按照一定的时间间隔进行注水，并且首次注水的时机也必须选择正确，不能在充水期间选择注水，但是，在具体的实践过程中，由于油田开发人员本身的素质高低不一，在进行操作的过程中就会出现相关的问题，油田开采企业对于周期注水这一项技术施工的管理上存在偏失。

(3)周期注水是一种操作技术,是整个油田开发过程中的一个重要环节,要实现与其他环节相互衔接,就必须要有相应的管理制度和管理程序,但是油田开发企业的管理制度和程序存在不完善情况,正是由于管理制度不健全,缺乏标准性,才会引发油田开采过程中对周期注水的操作程序不统一,引发注水问题,降低了油田开采的效果。

5.3.7　周期注水改善油田开发效果的具体措施

探讨通过周期注水改善油田开发效果的具体措施,就一定要从宏观管理和技术操作两个层面来进行探讨。在油田开发的过程中,采用周期注水来改善油田开发效果,要坚持效益最大化的原则,即用最少的消耗达到最大限度地改善油田开发的效果,这是众多措施必须要坚持的一个基本原则。首先,在坚持基本原则的基础之上,采用周期注水改善油田开发效果,必须关注油田开发过程中,周期注水的现场管理工作,特别是周期注水相应的技术设备,如水管道、注水器等,一定要保证这些设备的完整,更要保证技术人员安全使用相关设备,最重要的是要做好火灾管理工作。尽管周期注水不会直接引发油田火灾,但是油田火灾一旦发生,就会直接影响周期注水的后续工作,所以,一定要加以注意。其次,在坚持基本原则的基础之上,周期注水的技术使用一定要到位。

如前所述,周期注水过程中,容易出现首次注水时间错误及注水间歇时间不符合标准等问题,针对这些问题,技术人员一定要引起重视,在进行首次注水之前,必须将地质渗透率这个重要因素考虑在内,并运用先进的考察和核算工具,进行实地考察,对渗透率和地质特征进行严格考核,将获得的数据进行核算,明确含水量,如果含水量低于30%,则可以进行首次周期注水,依据油田开采的进展,将间歇时间控制在48 h左右。最后,坚持效益最大化的原则,即从宏观角度做好油田开采各个环节的程序完善工作,让周期注水前后的环节能够实现顺利衔接,并加大对技术员工的培训和管理,让现场施工人员能够在注水过程中得到专业技术人员的随时指导,矫正其中的不正当操作,与此同时,也能够让自身的注水技术不断提升,从而提高注水操作效率,改善油田开发效率。

5.4　低渗透油藏周期注水开发技术政策优化研究

5.4.1　油田地质及开发概况

姬塬油田长8油藏构造位于陕北斜坡中段西部,主力含油层系长812层,以三角洲前缘水下分流河道沉积为主,砂体走向近于北西至东南向,呈条带状展布;储层为粉细~细粒岩屑质长石砂岩,储层非均质性强,平均孔隙度8.6%,平均渗透率0.38 mD,属于低渗透油藏,广泛分布于 东北108°裂缝,其基质流动性差,油井必须通过压裂改造,才能生产工业油流。这些特殊性决定了姬塬油田低渗透油藏与常规砂岩油藏注水开发方式有明显不同,其注水开发机理与常规注水驱油机理有一定的区别。其次,低渗透油藏非均质性强,受地层裂缝及人工压裂缝的影响，剩余油分布规律复杂，因此注采井网不能采用常规砂岩的规则井网，应当根据地层原始裂缝方向，合理利用并保障后期加密改造的注采井网。自2009年以来，通过姬塬油田G271区裂缝性油藏的注水开发现场实践，受裂缝及非均质性影响，随着注水开发的深入，部分早期受效明显的注采井间已形成水窜通道，同时形成剩余油滞留区，导致油井高含水，主力油藏采出程度5.5%时，含水已达到41%，部分区域在低采出阶段进入中高含水期，驱油效率较低，继续采用温和注水的方式，已无法改善该类井组的开发效果。为此，本书采用数值模拟方法研究了周期注水方式，利用压力场的不稳定变化，提高波及体积，改善水驱效果，并开展了周期注水现场试验，增油效果较好，进一步丰富了低渗透油藏注水提高采收率技术。

5.4.2 模型建立及生产动态历史拟合

姬塬油田长8区域，储集体发育主要受物源和沉积体系展布控制，主要为曲流河三角洲沉积，存在不同的砂体叠置关系，导致非均质性强。本书以姬塬油田G271单元为例，进行了单砂体的划分，根据成像测井显示，天然裂缝具有多向性，油层段上部主要裂缝方向为东北108°，与油藏注采见水方向较一致，进行网格方向设计，应用变差函数分析确定岩相数据变差函数的主要、次要变程；采用砂地比控制序贯指示的方法建立了岩相模型，属性建模过程中以变差函数分析为基础，以岩相为控制条件建立孔隙度模型；渗透率与孔隙度具有一定相关性，以孔隙度作为第二变量约束建立渗透率模型；在建立典型低渗透单元地质模型的基础上，分别对试验区单元的日产油量、含水率等数据进行了拟合（图5-3、图5-4）。试验区的各项指标拟合程度良好，满足本次数值模拟预测的工程误差范围要求。

图5-3 试验区含水率拟合图

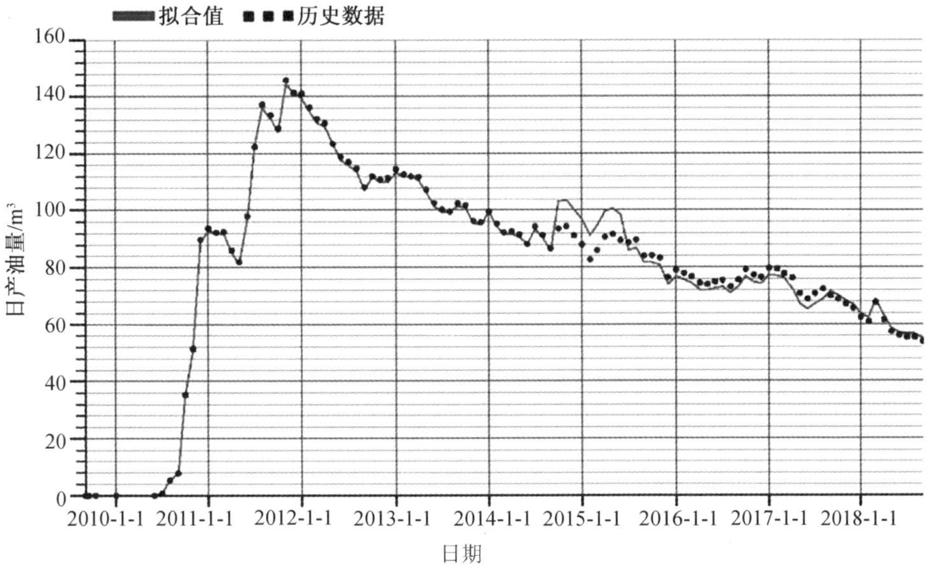

图5－4　试验区日产油量拟合图

5.4.3　周期注水方式优选

为了研究周期注水方式对开发效果的影响，本书在精细油藏描述的基础上，对 G271 单元进行周期注水效果数值模拟，对周期注水方式（包括对称型同步周期注水、不对称型交替注水、异步周期注水）进行优选。

通过数值模拟预测，在不对称型交替注水、异步周期注水方式开发情况下，地层能量保持良好状况，预测最终采收率可提高 1.0%；而在对称型同步周期注水方式下，受限于地层破裂压力，停注期损失的水量在注水期得不到充分补充，地层能量下降，油井产量下降，预测最终采收率低于常规注水（表5－2）。所以，在保证地层能量和注采平衡的前提下，采用周期注水工作制度，可以提高低渗透油藏采收率（图5－5）。

表5－2　不同注水方式采收率变化表

注水方式	累计产油量/10^4t	预测2030年采收率/%
目前	31.5	16.7
不对称型交替注水	28	14.9
异步周期注水	33.3	17.7
对称型同步周期注水	30	15.9

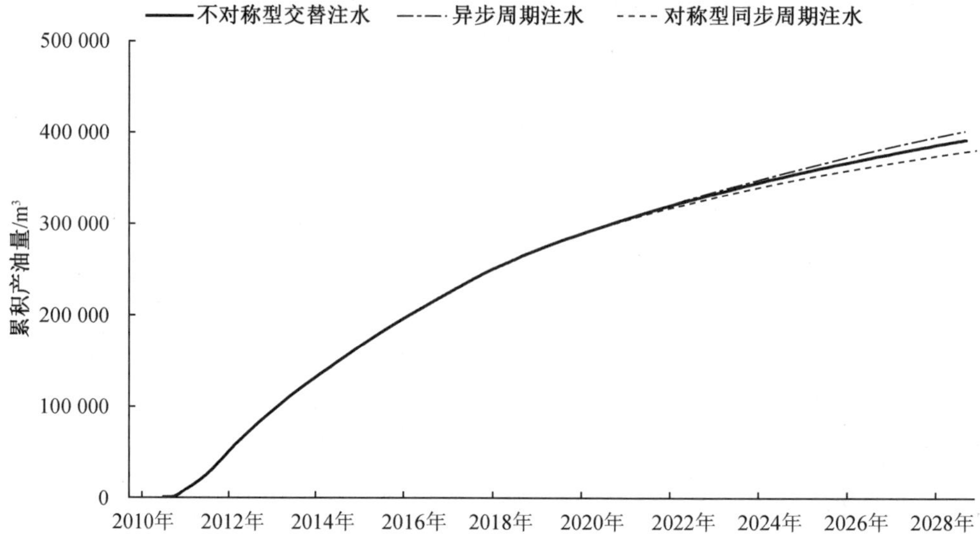

图 5－5　注水方式优选

5.4.4　周期注水参数优化

（1）注水量变化幅度越大，造成的裂缝与基质间的压力波动越大，越有利于发挥毛细管力的渗吸作用。受地层破裂压力的限制，随着注水量变化幅度的增大，增油量幅度逐渐变小，所以周期注水存在最优的注水量变化幅度百分比 E，可得

$$E = \frac{I_{增注} - I_{减注}}{I_{减注}} \times 100\% \qquad (5-1)$$

式中，E 为注水量变化幅度百分比；$I_{增注}$ 为增注期日注水量，m^3；$I_{减注}$ 为减注期日注水量，m^3。参照前期所采用的注水量，设计 G271 区周期注水量变化幅度百分比分别为 120%、100%、80%、60%、40% 5 个方案进行注水量变化幅度优化。对比不同方案的生产指标，发现最佳周期注水量变化幅度百分比为 100%，表现在累积产油量最大（表 5－3、图 5－6）。

表 5－3　周期注水量变化幅度优化

周期注水量变化幅度百分比/%	累计产油量/10^4t	预测 2030 年采收率/%
40	30.7	16.3
60	31.4	16.7
80	32.2	17.1
100	33.3	17.7
120	32	17

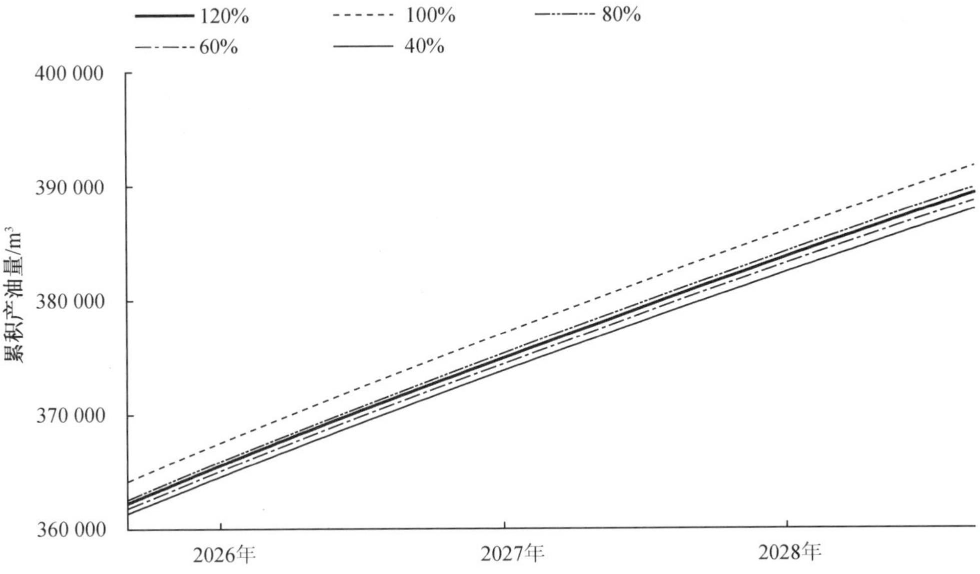

图 5－6　周期注水量变化幅度优化

(2)注水周期既要确保停注期毛管力将油从基质中驱替到裂缝所需的时间,又要保证一定的地层压力水平,因此注水周期随着实际开发区块的非均质性、含水阶段、压力水平变化而变化。为了研究 G271 最优的注水周期,结合现场实际,设计了 6 个注水方案,即周期为 20 d、30 d、40 d、50 d、60 d、70 d。方案对比不同注水周期的生产指标,得到最佳的注水周期(图 5－7)。

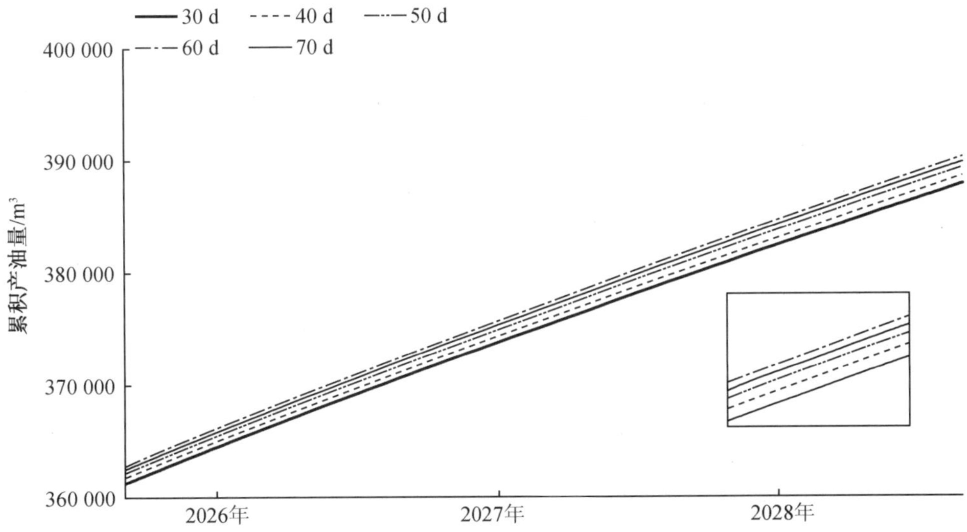

图 5－7　注水周期优化

对比方案显示,周期为 60 d 的效果最好。在相同注入量情况下,注水周期越短,停注期越短,越不利于毛管压力驱替基质中的剩余油,因此注水波及范围有限;相反,注水周期越长,停注期越长,毛管压力能够充分将基质中的剩余油驱替,注水波及范围越大。但随着周期的继续变长,基质与裂缝间的压差变小,毛管压力作用减弱,效果变弱至消失。

5.4.5 周期注水现场试验

本书以姬塬油田 G271 区为例,开展了周期注水现场试验。3 种方式周期注水试验共计 63 个井组,对应油井见效 37 口,累计增油 564 t,累计降水 435 t。实施后井组月度递减由 1.0%下降到 0.8%,含水上升率由 1.7%下降到 1.5%,46 口油井可对比吸水厚度由 9.6 m 上升到 9.8 m,整体实施效果较好。

第6章 暂堵技术

油井日常采油管理中,需对部分井(结蜡、结盐、杂质卡杆等井)进行定期洗井,以维持油井正常生产;油井作业前,按照井控要求需进行替油。由于油井均存在不同程度的负压,如果这些井没有安装洗井阀或洗井阀失效,在洗井、替油过程中,就易造成大量的入井液漏失到地层中,特别是负压较严重的井很难建立起洗井循环,漏失量会更多,甚至达到70 ~ 100 m^3;对负压井作业冲砂,建立循环时间长或建立不了循环,漏失量大,伤害油层,作业完井后油井排水期长或含水率上升一直得不到恢复。为此,本章研究探讨了屏蔽暂堵洗井、替油、冲砂技术,对油井特别是负压严重井采用有机高分子暂堵剂对油层进行屏蔽暂堵后,再进行洗井、替油,迅速建立起洗井循环,有效地减少洗井液的漏失,从而缩短排水期,达到保护油层的目的。

6.1 暂堵技术研究

6.1.1 暂堵技术现状

Schlumberger 最先研究运用暂堵的方式提高压裂改造效果。这种方式主要针对裸眼井和套管井,二者的压裂工艺是不同的。在裸眼井改造时,暂堵纤维需要沿着井筒实现聚集,使裂缝转向而形成多分支缝;在套管井改造时,纤维聚集在射孔处使裂缝转向形成分支缝。

2010 年,C. E. Cohen 等为实现多分支裂缝而进行了暂堵实验,并建立了针对套管井的纤维暂堵模型。

2011 年,Jario Leal Jaurguide 等为了阻止酸液流入裂缝,在酸化过程中添加暂堵纤维,取得了较好的效果。

2012 年,杜娟等提出了适用于非均质储层的一种纤维暂堵剂技术,并在室内进行了针对性的实验,达到了较好的分流效果。

同年,孙刚提出了一种适用于碳酸盐岩储层的纤压裂技术,并总结了相关的暂堵转向机理。该技术同样利用纤维暂堵的方式加以实现,在现场应用中获得了成功。

同年,M. Quevedo 等进行了纤维解堵实验,并以此提出了一种利用纤维暂堵、解堵实现裂缝转向的压裂技术,并将该技进行了现场应用,获得了预计效果。

2013 年,齐天俊等将纤维暂堵技术应用在大斜度井中,并理论分析了多分支缝产生的效果,利用实验证明了渗透率差异与流动系数差异是控制暂堵转向的主要因素。

自 2014 年开始,国内开始有较多的学者致力于纤维暂堵转向多分支缝压力技术,张合文等进行了纤维分散性、纤维封堵实验研究,认为压裂液排量、压差、纤维基液滤失速度是影响暂堵效果的主要因素。

周福建等对纤维滤饼的渗透率进行了实验研究,获得了滤饼长度随缝宽变化曲线,并得出了排量越低,滤饼表皮因子越大的结论,当然这一结论的前提是暂堵液黏度没有变化。

A. E. Mukhliss 等在沙特碳酸盐储层进行了自转向酸化压裂实验,证实了该方法可以提高多分支缝形成效率,并得到了纤维能够形成沟通裂缝及孔洞之间的架桥的结论,这种架桥可以阻止压裂酸化液流量,当纤维降解后完全可以返排到地面。

钟森等为研究压裂暂堵效果进行了纤维解堵实验,认为纤维可以作为重复压裂暂堵剂,且可以做到完全降解,解堵效果同样良好,理想状态下不会残留在地层中。

周成裕等在研究暂堵纤维过程中,使用了开环聚合法,得到了可降解的聚酯纤维,并通过光学分析确定了暂堵液纤维的结构,该纤维暂堵液存在甲基和次甲基成分;同时,采用DSC 方法研究了纤维转变温度,该成果可以很好地指导现场施工;进行了纤维与固体支撑剂复合压裂实验,暂堵成功率极高,可以达到99%以上。

赵觅等针对物性好的高渗透层进行了纤维封堵研究,运用大庆炼化研制的酸液和暂堵纤维进行了暂堵转向实验,同时开展了人工岩心暂堵实验研究。实验结果表明暂堵后填砂管的渗透能力下降,驱替压力上升,证实了该暂堵材料具有较好的暂堵效果;通过人造岩心暂堵实验,证明了非均质性越强,对于高渗透储层的暂堵效果越好。

当前,多分支缝压裂技术已在中东、北美、俄罗斯等国家和地区以及我国的新疆、四川等地的裂缝性碳酸盐岩储层进行了先导性试验,并取得了较好的应用效果。

目前,已经证实了纤维暂堵多分支缝压裂技术可以很好地沟通储层裂缝,提高储层渗透率,达到增产目的,但对于暂堵转向机理、多分支缝起裂及延伸机制的认识还不清晰,需要加大此方面的研究。

6.1.2 暂堵剂现状

暂堵剂在油气田开发和生产过程中有很多的作用,按其用途大致可以分为三大类:①可在钻井过程中作为堵漏剂;②在开发过程中,可以用于酸化、堵水、调剖堵水等;③在压裂过程中,可以通过对高渗透率或裂缝地层进行封堵,实现转向压的目的。国内外众多学者提出了暂堵剂的各项评价指标,并对酸溶性暂堵剂、油溶性暂堵剂及水溶性暂堵剂等进行了深入研究。

1. 暂堵剂评价指标

Gallus 等是最早开始系统研究转向剂的,其在 1969 年提出了固体转向剂的四大标准,即转向材料必须在渗透率较大或裂缝地层中具有减少漏失的作用,具有足够的支撑强度,在处理液中的低溶解性并保持有效尺寸,必须完全溶解于原油或者凝析液中以便清除。其结合静态和动态裂缝岩心实验验证了聚合物暂堵剂具有封堵特性。

1970 年,Spencer 提出暂堵剂必须在高流速、相对高压差的液体环境中溶解。

典型的暂堵工艺是在携带液中加入固体暂堵剂,并将其泵入井底。当固体进入储层的裂缝开口时,就会减少缝隙中的流体流动,从而提高回压值。当暂堵剂封堵液流通道时,流速会逐渐减小，裂缝内的压裂液会逐渐变大直到出现新的流体通道。随后，支撑剂会支撑新压出的裂缝，从而提供新的更大渗透率的流动通道，也就提高了油层的波及面积。

1993 年，Crowe 等提出了优选酸化暂堵剂的两个原则，即平衡酸流入到不同渗透率储层的能力、残酸可以顺利返排且不伤害储层。

1995 年，Bell 等在研究多分支水平井分段压裂过程中，由于多分支的存在，使单独压裂各分支的难度变大。蜡球和玻璃粉结合体可作为暂堵剂使用，该产品可以组合成需要的大小和形状，并且不含有害物质。

2004 年，张金波等根据连续颗粒堆积的理想填充理论，提出了一种优选暂堵剂粒度的新方法，并建立了优选粒度的图解法，这种方法相比于传统的方法有显著的优越性，在现场应用过程中取得了显著的效果。

2014 年，苏良银等依据巴布库克关于支撑剂在裂缝中的沉降规律，模拟暂堵重复压裂过程中人工裂缝内的暂堵压差，实现升压造侧向缝，利用三维压裂软件求取缝高、缝宽等关键参数，优化了暂堵剂的实际用量，现场试验中暂堵升压明显。

2011 年，邱玲等通过对液体胶塞暂堵剂性能需求的分析，结合液体胶塞暂堵作用原理，对破胶性能的影响因素进行了室内实验研究，对液体胶塞强度和伤害性能做出了相应评价，研制出了适合川西低压气藏的液体胶塞暂堵剂。

2015 年，丁宇选择使用水溶性聚合法，通过耐温性试验改变单体和配比方式合成的冻胶，并且不断改进暂堵剂的性能，包括暂堵剂的黏弹性、耐温性和降解性，探讨了由不同单体、不同比例合成的暂堵剂的性能与特点，最终确定了适合在不同温度、压力条件下使用暂堵剂的系列配方。

2017 年，王彦玲根据解堵方式的不同将暂堵剂分成酸溶性、水溶性和油溶性三类，对其应用、暂堵机理、优缺点、地层伤害情况及发展趋势等进行了综述。其认为残渣量小、封堵强度高的水溶性暂堵剂是未来研究的重点，其中具有自清洁性的可降解堵剂也是有潜力的发展方向。

2018 年，肖沛瑶为实现在现场应用时能够对适用于不同储层条件、起暂堵老缝压开新裂缝作用的压裂暂堵剂进行更加科学、合理的优选，从而更加有效地沟通新的油气区，提高暂堵转向重复压裂作业效率和最终采收率，立足于不同类型压裂暂堵剂的解堵方式，结合国内外对各类压裂暂堵剂研究的现状对其性能、适用范围等方面进行综合分析。结论认为，相较于其他类型压裂暂堵剂，水溶性压裂暂堵剂的研究和应用更加符合主流发展趋势，是压裂暂堵剂类产品在未来发展的重要方向。

2. 酸溶性暂堵剂

2003 年，杨宝泉研制出了 ZD－1 桥塞暂堵剂，其承压能力可达到 20 MPa 以上。该暂堵剂主要用于注水开发前的酸化解堵，从而提高低渗透率储层的酸化强度，使地层均匀吸水，提高注水开发效率。

2010 年，周法元等通过实验研究暂堵剂配方的组成，并对暂堵剂的性能进行评价，最终研制出了一种转向重复压裂暂堵剂 XFJ。这种暂堵剂具有较高的突破压力，并且暂堵率和解堵率也很高，完全满足重复压裂的要求。

2012 年，杜娟等通过分析醋酸纤维的物化性质，对该纤维暂堵剂，主要是对其水溶性和酸溶性进行了评价，研究表明：此类暂堵剂在碳酸盐岩储层中具有很好的效果，不仅可以起到均匀布酸的作用，而且还可以起到均匀酸化的作用，有利于提高现场的施工效率。

2013 年，Reddy 等研制出了一种自清洁聚乳酸类暂堵剂。由于这种暂堵剂自清洁时间较长，所以还需要加入加速剂，室内实验证明这种无结晶态的聚乳酸类暂堵剂的暂堵效果十分明显。

3. 油溶性暂堵剂

1990 年，Strassner 等利用阿拉斯加油田酸化作业研制出一种油溶性树脂（OSR）暂堵剂。OSR 有两种尺寸规格，最小的如同普通液滴般大小，稍大一些的颗粒需要经过表面活性剂的润湿才能分散到水溶性的注入介质中，而且要防止其因易碎性导致的作业失效。1995—1999 年，诸林等及熊英等开展了 XN－1 酸液油溶性暂堵剂的室内评价。薛新生等对 OSR－1 油溶性暂堵液进行研究。他们的研究方法都是先从室内评价入手，分析油溶性暂堵剂对地层渗透率的影响及暂堵剂的一些规律，如油溶率、适用温度、暂堵压差和暂堵剂的颗粒分布等，最终建立了较为完善的油溶性暂堵剂评价指标，并在现场实施过程中取得了很好的效果。

2006 年，姜必武等用松香、石蜡、沥青、粉陶、EVA 及石英砂等合成了一种蜡球压裂暂堵剂，对于微裂缝低渗、低压、低产油层有特别好的暂堵效果。在压裂完工后可以溶解在原油中随压裂液进行返排，而且对地层不会造成污染。

2009 年，陈绪清等通过室内静态实验评价了 YRC－1 暂堵剂的油溶性、分散稳定性和酸溶性，并通过岩心流动实验研究了水相暂堵剂浓度、暂堵剂注入量、不同渗透率及反排压力梯度的影响。相关研究研究表明该暂堵剂具有较好的油溶性、酸不溶性和较好的悬浮稳定性。

2009 年，霍宝玉等合成了一种新型的油溶性暂堵剂，并分析了这种暂堵剂的油溶性和抗高温性等，评价了其封堵性和解堵性。其暂堵率和油相恢复率都很高，可以满足大多数油井压裂施工要求。

2010 年，赖南君等合成了一种新型重复压裂暂堵剂 CLS－1，并通过室内试验对这种暂堵剂的性能进行研究。结果表明该暂堵剂有较强的黏附能力，可以较好地形成滤饼，承压能力强，在压裂施工结束后，这种暂堵剂可以溶解于返排液中。

2010 年，王忍峰等研究了 CQZ－1、CQZ－2、CQZ－3 三种油溶性暂堵剂。这三种油溶性暂堵剂的比例可以适当调节，对于不同油田调节的比例也不同。这三种油溶性暂堵剂只能溶于油，所以应用受到很大局限，为了增加其水溶性，可以在配方中加入表面活性剂，这样不仅可以增加其适用范围而且还能提高返排能力。

2015 年，王盛鹏等研制出一种新型暂堵剂 ZD－150，抗温性能强，最高可达到 120 ℃，而且油溶率大，酸溶率小，在瓜胶压裂流中携带 15% 的暂堵剂悬浮稳定时间可达 12 h，这种新型暂堵剂承压性高、暂堵效果好。

2016 年，郭丽梅等针对传统保护油气层技术和弹性体屏蔽剂的不足，合成了一种有壳核结构的新型屏蔽性暂堵剂 ZDJ，该暂堵剂具有可变形的特点，利用此特点可以嵌入孔喉表面，起到保护油气层的作用，而且不需要其粒径与裂缝大小相互匹配。

4. 水溶性暂堵剂

2000 年，严锦根等研制了一种水溶性的暂堵剂 JYD－2，并进行了同油溶性暂堵剂评价对应的实验，包括水溶性、分散性、粒径分布、岩心渗透率恢复率、岩心渗透率暂堵率、注入量、浓度与暂堵效果的评价等。

2008 年，李克华等研制出用于注水井作业的专用水溶性 SZD 系列暂堵剂，其原理是将难溶性有机物涂抹在无机物表面，首先对井眼周围实施暂堵，有效减少井筒流体漏失，缩短作业周期，生产一段时间后，暂堵剂可以逐渐溶解，达到解堵目的。

2008 年，吴勇等针对新疆油田老井转向压裂开发出一种水溶暂堵剂，该暂堵材料可以在高温高压条件下发生交联反应，形成颗粒状的暂堵剂。在压差作用下，颗粒可进入更深的裂缝区域，形成高强度的滤饼，完成暂堵。

2010 年，刘天宇等较为系统地总结了转向压裂的技术分类，即单一物理转向，如利用钢球、蜡球、不可降解纤维等封堵初始裂缝；单一化学抓向，如高黏度的凝胶、酸液、多聚甲醛等化学材料；复合转向，即将物理转向和化学转向相结合，如交联剂同段塞联合作业。

2010 年，薛小佳等研制出一种新型的暂堵剂，将这种暂堵剂注入地层后，能在一定的温度条件下发生交联固化，当压裂完成以后再加入破胶剂进行溶解返排。这种暂堵剂具有易注入、易返排、无污染等优点。

2011 年，尹晓宏等研制出一种新型的暂堵剂，其破胶剂为缓释微胶囊破胶剂。该暂堵剂在 80 ℃开始交联，因此对储层温度要求较严苛。

2011 年，赵强利用纳米复合技术研制出了一种新型的颗粒水溶暂堵剂，通过室内实验对其水溶性、承压强度和配伍性等进行了一系列研究。该暂堵剂具有吸水率较大、突破压力高、破碎强度低等特点，水溶性很好，在 60 ℃下即可达到 100% 水溶，而且对地层不产生污染。

2014 年，赖南君等研制出了一种水溶性暂堵剂，通过实验对其溶解性、黏附能力、暂堵与解堵能力和选择性封堵效果做了评价。研究表明该暂堵剂的封堵效果随岩心渗透率的增大而减小，具有封堵老裂缝使新裂缝延伸方向偏离最大水平主应力方向的能力。2014 年，李翔通过实验研制出一种水溶性压裂暂堵剂，并对其水溶性、分散性、稳定性、配伍性等进行了实验评价。研究表明该暂堵剂具有较好的水溶性、分散性、稳定性、配伍性，并且组合暂堵剂的暂堵效果要好于单一暂堵剂。

2016 年，汪道兵等通过对转向剂的粒子类型优化及物理性能评价，研制出一种纤维暂堵剂，通过实验研究对该暂堵剂的各种性能进行了评价，并且在现场应用中取得了良好的效果。研究表明纤维暂堵剂的暂堵性能和缝宽及流速有着很大的关系，随着流速和缝宽的增大，所需的纤维暂堵剂的量也越大，并且当水平主应力达到 7.5 MPa 时，纤维暂堵剂很难使裂缝发生转向。

2016 年，付美龙等通过室内实验评价了 SC－JXSG 暂堵剂的暂堵效果，还分析了暂堵效率的影响因素，即暂堵剂的浓度、注入量和注入压力等，最终提出了转向重复压裂技术。该暂堵剂在现场应用情况效果良好，基本满足了现场施工的各种要求。

2017 年,刘少克研制出了一种水溶性压裂暂堵剂,并对该水溶性压裂暂堵剂的封堵性能进行了评价。研究表明该暂堵剂的水溶率很高,基本不溶于油,暂堵剂的浓度对暂堵效果也有很大的影响,且随着浓度的增大,其封堵率也越高。

2018 年,陈畅通过室内实验研究了几种水溶性暂堵剂,发现 SC - JXSG 暂堵剂对裂缝具有较好的暂堵效果,BJ - APGEL 暂堵剂对基质具有较好的暂堵效果。

5. 其他暂堵剂

1997 年,Allison 等研制出了一种具有稳定性好、自清洁能力强的生物暂堵剂,这种暂堵剂是可降解的,并且不会对地层造成污染。该暂堵剂在超过 12 h 之后就会逐渐降解,对于不同地层的孔隙类型,都能实现有效的封堵。

2009 年,Surjaatmadja 合成了一种可以配合压裂液体系使用的自降解暂堵剂,并对这种暂堵剂的使用方法做了详细介绍。该暂堵剂使用范围受到较大的限制,只能在特定的压裂液中使用。

2010 年,Fu Diankui 在聚乳酸颗粒、添加剂及表面活性剂等材料中加入 VES 基液,从而研制出了聚乳酸颗粒暂堵剂。这种暂堵剂能在压裂完工后释放酸液并使 VES 破胶,其配方相对成熟,但还有一些不足,还需要进一步完善。

2011 年,李长忠等研制出了一种交联体形结构的高分子暂堵剂,这种暂堵剂在高温高压条件下将一定比例的骨胶粉、改性淀粉、含表面活性剂、交联剂、过硫酸等通过引发剂的作用、交联反应及物理法的势能活化成胶,然后经过造粒、上油、烘干等工艺制作而成。这种暂堵剂突破压力高、能溶于水、耐盐性能好。

2012 年,Fulton 等将增塑剂脱水混合物加入脂肪醇、酯、蛋白质等材料中,研制出了一种新型的可降解暂堵剂,通过实验证明了该暂堵剂具有较好的封堵效果和降滤失性能。

2012 年,闫治涛通过对重复压裂造缝暂堵机理的分析,研制出了一种无机物暂堵剂,并对该暂堵剂进行了性能评价、人工应力遮挡试验和人工应力遮挡有限元分析,结果表明该暂堵剂的暂堵效果良好,对地层不会造成污染,并且可以在重复压裂过程中起到很好的保护作用。

2014 年,赵志强等研制出了一种由黄原胶和植物胶混合物改良合成的 HFriGel 暂堵剂,通过现场试验发现此暂堵剂在泵入地层后,在地层温度和凝胶调节剂作用下逐渐增黏并且进入地层,完全凝胶后失去流动性形成像固体一样的凝胶,从而起到封堵地层的作用。此暂堵剂具有自适应、高摩阻、凝胶时间可控制、容易降解等特点。

6.1.3 暂堵酸化一体化技术现状

暂堵酸化一体化技术是将油溶性暂堵剂与酸液一起注入地层,通过暂堵剂对高渗层进行暂时性封堵,使后续酸液进入到低渗层中,油井投产后,随着产出油流暂堵剂逐渐溶解并最终恢复高渗层的渗透率。这类暂堵剂主要针对仍具有开采价值的高渗层,暂堵剂失效后,被封堵的高渗层仍能保持一定的产能。

处于残余油饱和度的高渗层,已经失去了开采价值,需要对高渗层进行长期性封堵,这时就要使用抗酸性较强的高强度堵剂。目前关于这方面内容的国外报道较少，主要是国内的一些报道。

堵水酸化一体化技术作为一种改善油藏开发后期油层层间非均质性的有效措施在20世纪90年代初期被提出，经过多年的发展，已经在油田得到了一定的应用。余跃惠等针对暂堵酸化一体化技术存在的问题，提出了一种油井选堵酸化的新技术，即在注酸前注入选堵剂封堵高渗透水层，然后注入酸液以酸化低渗透层和污染部位，通过反复试验，选用具有热塑性和良好油溶性的树脂作为选堵剂主要成分，并添加适量交联助剂和无机填充料，以确保研制的堵剂在地层温度下经一定时间交联固化后遇水不变化，遇油后慢慢分散溶解，从而最终实现堵水不堵油的目的。

蒲万芬等采用了丙烯酰胺(AM)与低级醛就地共聚交联堵水体系(XN－PP)及先堵后酸的工艺技术，在室内着重进行堵剂与自生酸的酸敏性试验，研究与油藏环境条件有关的堵剂性能，考查堵剂对大孔道的选择注入性，并对前置液(弱凝胶体)性质作了相关评价。结果表明，堵剂在高盐环境和高温条件下具有良好的耐酸性、高强度性和堵水效果，在一定条件下堵剂原液还有良好的选择进入性，即优先进入出水层位。堵水酸化联作技术在矿场进行了2口井的先导性试验，实施的油藏为恶劣油藏，温度120 ℃、矿化度10～12 mg/L，产水率接近100%。XN－PP体系堵水和自生酸酸化联合作业后，两口井均达到了降水增油的目的，取得了明显的经济效益。

黄志华等采用水溶热固性树脂与多种添加剂及填料组成的复配物作为堵剂，反应产物抗压强度大，堵剂具有优良的耐酸性，堵剂耐温、抗盐性好，并总结出三种施工工艺技术，即堵上酸下、堵下酸上、堵中间酸两头。

Puchun Zhao对分流酸化中所使用的暂堵剂和高强度堵剂进行了对比，高强度堵剂主要用于基本处于残余油饱和度的裂缝或高渗层的封堵，暂堵剂主要用于还具有开采价值的高渗层。其提出采用粉煤灰、改性树脂、油井水泥、聚丙烯酰胺、分散剂等组成的混合物作为堵剂，在卫城油田、马寨油田进行了应用，取得了较好的效果。

周玲革等采用热塑性油溶性聚合物、油溶性纤维、芳香烃类树脂等原料并添加水溶性高分子聚合物、酸溶性纤维、表面活性剂、交联剂及无机材料研制了两种堵剂体系：一种为油溶率和酸溶率均较高的颗粒堵剂JHD－1，作为暂堵剂可用于封堵低渗层；另一种油溶率和酸溶率均较低的颗粒堵剂JHD－2，主要用于封堵高渗层。在施工过程中依次注入JHD－1、JHD－2、酸液，现场应用取得了很好的应用效果。

吴信荣采用高强度树脂及多种添加剂复配而成FD系列堵剂，FD系列堵剂是由高强度树脂为主剂配加固化剂、延缓剂、pH调节剂及无机填料等复合添加剂复配而成。在氢离子的作用下，树脂线型分子上的活性基团进一步发生缩聚反应，生成不溶不熔的热固性树脂。在工艺上采用填砂或工具保护油层，利用堵剂的耐温、耐酸性能，在有效地封堵高出水层的同时，对低渗污染层实施酸化解堵，以发挥接替层的生产潜力，在同一井中把堵水和解堵这两项不同的配方和改造工艺有机地结合起来，充分发挥两种工艺的优势，达到挖潜增效、降水增油的目的。

堵酸一体化技术在体系和工艺方面都取得了一些进展，但是随着现场应用的增多，也发现了一些问题，比如采用的堵剂耐酸性不强，后续注入的酸液很容易将其溶解，从而失去封堵高渗层和酸液转向的作用；在采用笼统注入堵剂的过程中，尽管高渗层和低渗层之间存在一定的渗透率级差，但是由于注入堵剂的过程中，注入压力逐渐增大，堵剂不可避免地会进入到低渗层中，从而对低渗层造成永久性的伤害；有些体系采用的交联剂为有毒交联剂，现场应用时对人伤害很大。

6.1.4 暂堵实现选择性调剖技术进展

目前在堵水和调剖过程中，采用的暂堵剂主要分为两种，一种是采用聚合物为主剂，有机物为交联剂，加入破胶剂，通过控制组分的加入量，使成胶时间和破胶时间保持在一定的范围内，在注入堵剂过程中暂堵剂不破胶，注完堵剂后一段时间内自动破胶，从而起到保护低渗层的目的。另一种是采用油溶性树脂为主剂，通过添加悬浮剂（一般采用高分子聚合物溶液）形成悬浮颗粒体系，利用一定的粒径与孔隙直径的比值使暂堵剂在低渗层形成有效的堵塞，使后续注入的堵剂进入高渗层，关井一段时间后投入生产，进入低渗层的油溶性树脂在产出油的作用下逐渐溶解，从而恢复低渗层的渗透率。

唐孝芬利用生产井的出水层多为高压高能层的原理，采用聚丙烯酰胺为主剂、酚醛复合体为交联剂、过硫酸盐为破胶剂配制成一种暂堵剂。该堵剂在地层条件下经过一段时间后变为具有一定封堵能力的弱凝胶，弱凝胶在一定时间范围内能自行破胶液化。笼统挤注暂堵剂时有利于暂堵剂溶液优先进入低渗透油层，胶凝后的暂堵剂可使低渗透油层中的启动压力远远大于高渗透出水层，能够在随后笼统注入堵剂时保护低渗透油层不被污染。笼统堵水作业时，适当控制堵剂挤注压力更有利于实现低渗透油层中堵剂的不可入性，从而高渗地层被高强度堵剂有效封堵，达到了选择性堵水或调剖的目的。

王桂杰等采用有一定分选粒度的油溶性石油树脂与羟丙基瓜尔胶配成具有一定交联度的暂堵剂，按优先进入低压层的原则，低压注入油井，产生各层之间平衡的压力带。在加压挤入水泥-石灰复合堵剂的过程中，高孔高渗油层内的微细颗粒在外界压力下首先发生运移，“三高”层部位的暂堵剂先被突破，平衡的压力带遭到被破坏。复合剂在进入“三高”层后凝固，产生封堵，而得到暂堵剂保护的油层暂堵剂破坏，石油树脂颗粒被溶解，渗透率得以恢复，在水淹层的影响减小后自身的能量得以释放。

赵普春等提出在调剖施工时首先以大排量挤入水溶性颗粒暂堵剂，利用颗粒的架桥理论，实现对高、中、低渗透层的“堵塞污染”，然后以低排量挤入调剖剂。由于暂堵剂处理半径小，它在高渗透层的封堵能力差，随后的调剖剂突破它对高渗透层的封堵，实现调剖的目的；暂堵剂在中、低渗透层的封堵能力强（易受污染的层也是易封堵的层），随后的调剖剂在低排量（即低压力）下，难以突破这种封堵，即调剖剂无法进入中、低渗透层，一定时间（施工结束）后，这种水溶性暂堵剂溶解，恢复中、低渗透层的吸水，从而实现暂堵调剖的目的。

对于本书所采用的暂堵剂，由于使用的油藏为高渗非均质油藏，尽管层间具有的渗透率极差，但是相对低渗层仍保持在较大的绝对渗透率。针对这种情况，含有破胶剂的凝胶暂堵剂只能在毫达西级的地层形成有效的暂堵；而油溶性树脂也存在这种问题，同时其在产出油中的油溶率也不高，不能完全恢复相对低渗层的渗透率，所以也不能采用。

6.1.5　暂堵转向压裂技术现状

暂堵转向压裂技术是通过一次或多次投送高强度水溶性暂堵剂，利用暂堵剂临时封堵前次裂缝，迫使段内开启一条或多条新的裂缝，促使分支缝的扩展，从而获得比常规压大的单井有效改造体积。复杂裂缝网络示意图如图6－1所示。与常规压裂技术相比，暂堵压裂技术能充分利用压裂液自然优选储层的“甜点”，避免了常规分段压裂人为确定“甜点”，最大限度解放储层产能。

图6－1　复杂裂缝网络示意图

暂堵转向压裂有多种分类方法，根据暂堵位置和暂堵目标不同，暂堵转向压裂技术可分为缝内暂堵和缝口暂堵两大类型；根据暂堵次数，可以分为一次暂堵和多级暂堵；根据产生暂堵的作用方式，可分为物理暂堵和化学暂堵；根据暂堵剂类型，可分为堵塞球（塑料球、橡胶球、尼龙球、蜡球）暂堵、纤维暂堵、大粒径支撑剂暂堵等。

近年来，高强度暂堵剂依靠其封堵效果好、施工成本低、施工方便等优点，逐渐在全国各大油田推广应用，为致密砂岩气藏的高效开发提供了新的技术手段。

2006年，戴军华等在对坪北油田三叠系延长组地应力分析的基础上，提出了缝内暂堵思路，利用暂堵剂封堵主缝，提升缝内净压力，促使次级裂缝及微裂缝的开启和延伸，增大改造体积。

2008年，吴勇等针对新疆油田重复压裂井增产效果下降的问题，提出了暂堵转向压裂促使老井复产的思路，并对暂堵剂的溶解性、封堵性进行实验评价，优选出合适的暂堵剂，并选取现场井进行试验，增油效果显著。

2009年，时玉燕等针对中原油田重复压裂仅仅延伸老裂缝，改造效果有限的问题，提出了利用暂堵剂的封堵作用，促使新裂缝的开启和支撑剂的铺置变化，从而动用更多的剩余油的思路，研制了暂堵剂，并对暂堵剂进行室内实验评价和现场试验，现场应用增产效果显著。

2010年，周法元等在对聚合物浓度、预胶联浓度、第二交联浓度和破胶剂浓度系统研究基础上，研制了新型暂堵剂ZFJ，对暂堵剂ZFJ的耐酸碱性及抗盐性进行实验评价，并利用岩心流动实验模拟暂堵剂对地层的封堵效果。

2013年，翁定为等针对过去投球暂堵存在的问题，提出运用大粒径支撑剂进行暂堵的施工工艺，分析了大粒径支撑剂进行暂堵后对导流能力的影响，并结合端部脱砂工艺在海坊子油田进行了多井次的现场试验，从压后产量可以看出，运用大粒径支撑剂进行暂堵能够有效提高改造效果，但还是存在一定的局限性。

2013年，杜宗和等针对现有转向压裂技术存在的问题，针对性地提出了缝内二次转向压裂的理论，通过确定地应力重新定向的范围，进而在水平主应力差拐点处进行缝端暂堵，从而增大了裂缝的转向半径。该理论在新疆油田百口泉区块进行了现场应用，取得了较好的改造效果。

2015年，杨乾龙等针对井况复杂需分段酸压改造的超深水平井，由于井深、井身结构等因素的影响，使得机械封隔酸压技术受到限制而无法使用的问题，为保证该类井施工的成功率及增产效果，研制了新型可降解纤维暂堵剂，并对其性能进行了评价，发现该纤维暂堵剂具有较好的分散性能和降解性能，且分流暂堵效果明显。

2016年，刘政帅等针对川口油田老井增产手段单一，单井产量递减快的问题，将解堵工艺、转向压裂工艺、端部脱砂工艺有机结合在一起，形成解堵—加砂—转向—加砂—端部脱砂的转向压裂工艺，结合川口油田的基本特征，优选出油溶性暂堵剂，现场施工15井次，平均单井增油0.35 t，增产效果显著。

众多学者对缝内暂堵转向压裂的研究侧重于暂堵剂的研制及暂堵工艺的开发和应用，但是对缝内暂堵转向压裂技术的适应性及暂堵机理有待深入研究。暂堵转向压裂技术能否有效应用，不仅与地下油气的分布情况有关，而且与地应力场有着密不可分的关系，若改造井的地质条件并不符合，则暂堵转向压裂将难以达到较好效果，因此，关键在于地应力场的研究，应明确发生应力场反转的条件、位置、时机等。缝内暂堵转向压裂的关键在于提高缝内的净压力，增加诱导应力，只有当诱导应力增加到一定程度后，才会发生应力场反转。压裂裂缝并非密闭空间，缝内净压力的增加不仅与缝内暂堵剂暂堵后形成的压差有关，还受到裂缝进一步延伸或新裂缝开启的影响，是一个比较复杂的动态过程，因此，对缝内暂堵转向压裂提高诱导应力的多少进行预测量化十分困难。此外，如何区分砂堵和暂堵的压力响应，避免砂堵，也是一个难题。

6.2　保护油气层屏蔽暂堵技术

在钻井过程中,为了降低成本和简化钻井工艺,利用改性钻井液作为完井液,已成为一种行之有效的方法。但实际钻开储层时,钻井液中的高固相含量、固相粒子的多级分散及对油层的高压差、长时间浸泡等损害油层的因素也是无法避免的,屏蔽暂堵技术就是解决此类问题的一种重要技术。

6.2.1　屏蔽暂堵技术保护油气层原理

该项技术主要是利用钻井液中已有固相粒子对油层的堵塞规律,即人为地在钻井液中加入一些与油层孔喉的堵塞机理相匹配的架桥粒子、填充粒子和可变形的封堵粒子,使这些粒子能快速地(10 min)在井壁周围10 cm以内形成有效的、渗透率几乎为零的屏蔽环,阻止钻井液中的固相和液相进一步侵入油层,从而消除钻井和固井时钻井液、水泥浆对油层的损害,同时也消除了浸泡时间过长对油层的损害。

6.2.2　屏蔽暂堵技术保护油气层作用机理

屏蔽暂堵技术理论能否成立的关键在于固相粒子能否将地层喉道“堵死”,如何才能将其“堵死”以及如何能人为地控制并将地层环形浅部位完全堵死,固相粒子对油气层喉道的堵塞机理是此问题的关建。

1. 固相微粒堵塞地层喉道的物理模型

(1)微粒运移过程中的堵塞(桥塞)。地层孔隙中随流体流动而运移的固相微粒在孔隙中可能被捕获而停止运动。堵室可分为两类:一类是沉积,多发生在孔隙的大直径处;另一类是喉道堵塞,发生在喉道处。前者在改变流动条件时,如提高流速、增大压差等,可以重新运移;后者一般牢牢地“卡”在喉道处不再运移。屏蔽暂堵技术就是利用后者的发生起桥堵作用,即桥塞式桥堵。

(2)单粒逐一堵塞模型。钻开地层,钻井液与地层接触,在压差作用下,钻井液开始向地层滤失,其中大于油层孔隙的粒子沉积于油层表面,开始形成泥饼(外泥饼),小于油层孔隙的粒子随液相进入油层,运移到喉道处,其大小与形状和喉道(直径与类型)相当的粒子“卡死”在喉道。桥塞粒子对喉道的桥塞,形成直径更小的喉道。在此新喉道处,固相微粒重复上述运移过程,直径大小与形状与新喉道相当的微粒又将“卡”在新喉道上,这种粒子称为“填充粒子”。喉道的每一次堵塞和填充都是单粒的行为,而且是粒径从大到小的粒子逐一的行为,即在喉道的截面时,任何时刻都只有单个微粒运移通过,该模型称为“单粒逐一堵塞模型”,如图6-2所示。

(3)双粒(多粒)架桥堵塞模型。当固相粒子浓度较高,液相通过喉道任意时刻的喉道横截面时,同时有两个或多个固相微粒存在。尽管每一个微粒粒径大小均不足以产生桥塞或填充，但两个或多个粒子同时挤在喉道处，当其直径之和达到与喉道相当时，则两个或多个粒子以桥架方式在喉道处桥塞或填充，这样的喉道堵塞过程称为微粒的双粒(多粒)架桥模型，如图6-3所示。

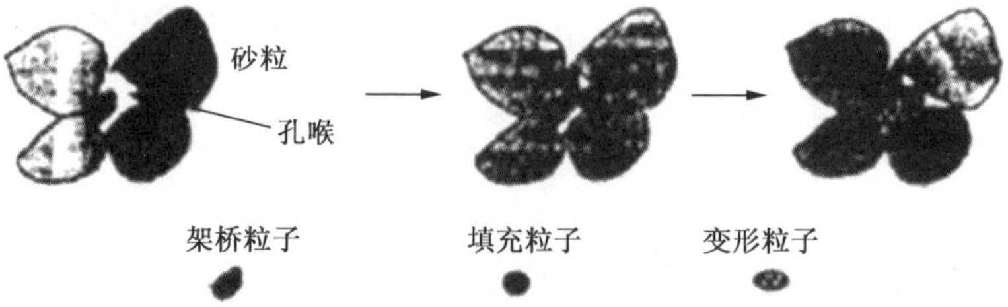

图6-2　单粒逐一堵塞模型

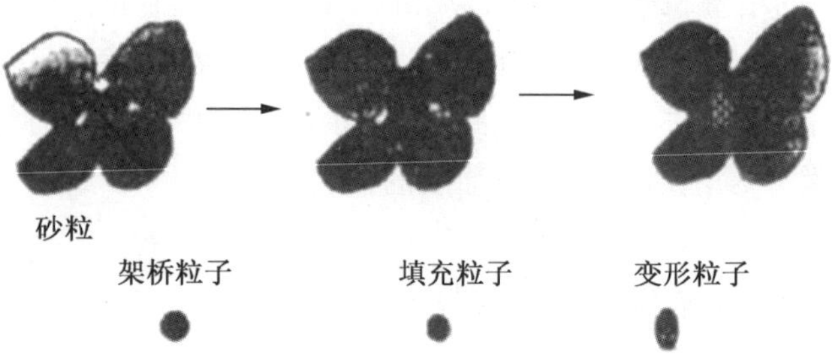

图6-3　双粒(多粒)架桥堵塞模型

2. 屏蔽暂堵技术实施方案

(1)加入架桥粒子。架桥粒子直径应为储层平均孔径的1/2～2/3，只有这样架桥粒子才是稳定的。常用的架桥粒子有超细碳酸钙(酸溶性)、油溶树脂、氯化钠等。

(2)加入可变形粒子。加入架桥粒子后可形成一个严重的堵塞带，它可使地层的渗透率K下降99.9%，但不为零，无法完全阻止液相侵入，这样仍然达不到“屏蔽暂堵技术”设计的要求。对堵塞的模型进行分析，这种堵塞无论如何也不可能使地层$K=0$，这是因为逐一填充之后，总会留下一个有待于更小的微粒填充的微小喉道，此喉道再小也比水分子大得多，因此其K值不可能为零，必须借助可变形微粒的封堵机理。若此微粒在压差下可变形，则它向未被填充的空间变形；若此空间的大小与可变形微粒大小和变形性相当，则可通过变形作用将此空间封死，不再留下更细小喉道，此时堵塞带的$K=0$。按此作用机理，这些可变形的粒子必须满足以下要求：首先，必须能在水中高度分散成微米级的微粒；其次，在地层温度条件下软化变形但不能成为流体。当钻进时，应提高泵排量以增大环空返速冲洗泥饼，才能使“屏蔽暂堵”效果更好。

6.2.3 影响因素

1. 压差的影响

压差 Δp 是形成屏蔽环的必要条件，因此它的作用及效果决定了此项技术的成败。压差对屏蔽环形成的影响见表6－1。

表6－1 压差对屏蔽环形成的影响

岩心号	K_∞	(%)	R (μm)	K_W	K_1	K_2	K_3	K_4	暂堵条件(动态)		
									压差 Δp (MPa)	时间 (min)	滤液 (mL)
3－2	307.19	33.07	2.3	228.05	6.35				1.0	10	1.2
8－1	316.87	33.15	2.4	252.09	0.94	0.88		0.67	3.0	10	1.2
5－2	310.93	32.80	2.3	238.16	0.86	0.75	0.51	0.43	0.50	10	1.2

注：K_∞，K_W，K_1，K_2，K_3，K_4 单位均为 10^{-3} μm²。

R 为计算的平均孔喉半径，μm。

暂液体：3%土量的综合土浆＋1% QS－2－2% HL－2。

K_1：测压为0.150 MPa时的渗透率(暂堵后用1% KCl溶液测)；K_2：测压为0.950 MPa时的渗透率(暂堵后用1% KCl溶液测)；K_3：测压为2.00 MPa时的渗透率(暂堵后用1% KCl溶测)；K_4：测压为4.00 MPa时的渗透率(暂堵后用1% KCl溶液测)。

由表6－1数据可知，压差越大形成的屏蔽环封堵效果越好。

2. 屏蔽环形成后水泥浆的影响

屏蔽环形成后，能否消除水泥浆的损害，表6－2给出了实验结果

表6－2 钻井液暂堵后水泥浆动态污染试验结果

岩心号	K_∞ ($\times 10^{-3}$ μm²)	K_{W1} ($\times 10^{-3}$ μm²)	K_{W2} ($\times 10^{-3}$ μm²)	截长 ($\times 10^{-3}$ μm²)	K ($\times 10^{-3}$ μm²)	暂堵条件(动态)				体系
						Δp (MPa)	剪率 (s^{-1})	时间 (min)	滤液 (mL)	
143	1265.38	10.84	0	2.02	406.72	3.5	180	1	0.9	①原浆＋2% QS－1＋2% QS－2＋2% 250目 $CaCO_3$＋1.5% 320目 $CaCO_3$；②水泥浆
70	119.95	57.17	0	1.96	56.35	3.5	100	1	0.4	

由实验发现，对已受钻井液损害的地层，水泥浆仍然会造成损害，一般在钻井液损害基础上增加20%～40%。而对采用屏蔽暂堵效果较好的油层，再经水泥浆损害后，其损害深

度在 2 ~3 cm 内,说明水泥浆组分未能穿过“屏蔽环”,有效地防止了水泥浆对油层的损害。

3. 负压差条件下的反排作用

在正压条件下形成的屏蔽环,正压差愈大则效果愈好,负压差时发生反排,则屏蔽环被破坏,油层渗透率恢复,其恢复率可达 70% 以上,具体与堵塞深度有关,反排渗透率恢复结果如表 6 –3 所示。这说明在正压差下形成的屏蔽环,可用反排方法解堵,因此,在屏蔽暂堵技术使用过程中,必须严防负压差出现,在必要时可采用反排解堵。

表 6 –3　反排渗透率恢复结果

岩心号	K_∞	Φ (%)	R (μm)	K_W	K_1	反排压力 (MPa)	K_2	恢复率 (%)	暂堵条件(动态)		
									Δp (MPa)	时间 (min)	滤号 (mL)
8 –3	519.39	34.57	2.9	442.68	0.87	0.295	427.33	96.6	3.0	30	2.0
8 –2	310.93	32.80	2.3	238.16	0.86	0.713	227.39	99.8	1.0	10	1.2

注:K_∞,K_W,K_1,K 单位均为 10^{-3} μm^2。

暂堵液体:3% 土量的综合土浆 +1% QS –2 +2% HL –2。

K_1:测压为 0.150 MPa 时的渗透率(暂堵后用 1% KCl 溶液测);K_2:反排后用蒸馏水所测的渗透率。

6.2.4　应用效果及结论

这项技术已在不少油田中得到应用,并取得了理想的效果。例如,新疆夏子街油田口井使用此项技术,单井产量比未使用此项技术的井提高 45% 。又如,吐哈的温米油田为低渗油层,开发设计为压裂后才能投产,使用屏蔽暂堵技术并射孔后, 167 口井全部自喷,单井产量比设计值提高 20% ~30% 。

经过以上理论分析和实验研究,及在相关油田钻井中的应用,证明屏蔽暂堵技术是可行的,尤其在油水层分布相对复杂区块,更能够很好地达到保护油气层的目的。

6.3　暂堵剂性能

6.3.1　暂堵剂暂堵性能评价实验装置的研制

1. 实验装置的设计

本节设计了压裂用暂堵剂暂堵性能评价系统,通过室内实验对实验所用暂堵剂暂堵性能进行了评价。实验所用纤维堵漏测试仪结构图和实物图分别如图 6 –4、图 6 –5 所示。

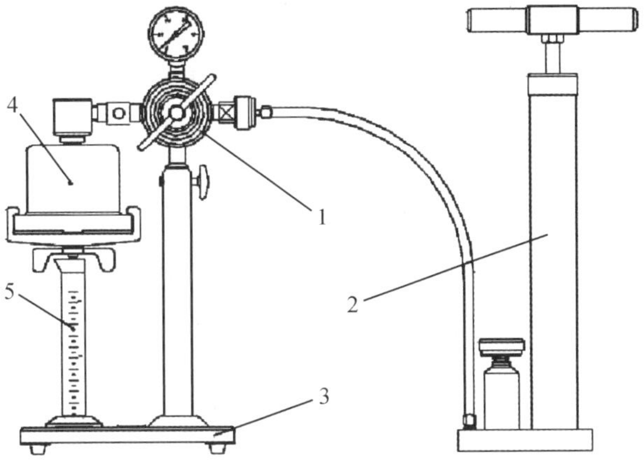

1—减压阀模块;2—加压模块;3—底座;4—暂堵液容器模块;5—测量模块。

图6-4 纤维堵漏测试仪结构图

图6-5即为暂堵剂暂堵性能评价实验装置,其工作原理为:将一定量暂堵液加入杯状暂堵液容器中,通过压紧螺栓与压紧丝杠密封容器,并接通气源,通过高压打气筒补充压力,打开减压阀,高压气体进入暂堵液容器,暂堵液受压后,其中的暂堵剂发生沉降并在裂缝出口位置产生封堵滤饼,暂堵液漏失。记录漏失时间及漏失量,观察滤饼并评价暂堵剂性能。

图6-5 纤维堵漏测试仪实物图

本实验设计的暂堵液容器模块结构如图6-6所示。

暂堵液容器主要由容器杯体、容器密封盖两部分组成,容器杯体用来盛放暂堵液,容器密封盖用于模拟裂缝。主要工作流程是:将模拟裂缝放到容器密封盖的槽内,在容器杯体内灌满暂堵液,利用压紧丝杠与压紧螺栓安装好容器密封盖,加压气体通过放气六方接头进入杯内使液体受压,暂堵液中的暂堵剂发生沉降并在裂缝处暂堵,使得暂堵液通过模拟裂缝产生漏失,漏失液体从出液口排出。容器密封盖和模拟裂缝如图6-7所示。

实验中,模拟裂缝钢片厚度为3 mm,裂缝高度55 mm,共有5种裂缝宽度尺寸,分别为1 mm、1.5 mm、2 mm、2.5 mm和3 mm。实验过程中为了减少裂缝深度对暂堵实验的影响,在钢片的基础上叠加 2 ~3 块同等厚度的硬质胶皮，每一块胶皮的模拟裂缝与钢片相同，然后使用玻璃胶黏合在一起，最终形成一条缝长 15 ~20 mm，缝高为 55 mm，缝宽可调的裂缝，如图 6 -8 所示。同时为防止暂堵液在模拟裂缝钢片边缘与密封盖内壁之间的间隙处发生漏失，实验使用玻璃胶对间隙填充密封。模拟裂缝和孔隙如图 6 -9 所示。

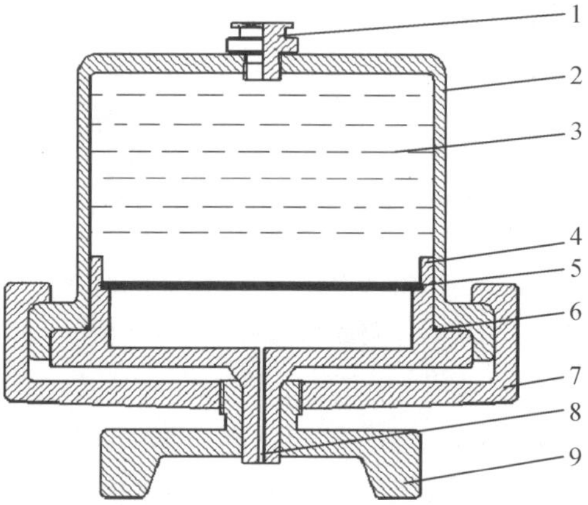

1—放气六方接头；2—容器杯体；3—暂堵液；4—容器密封盖；5—模拟裂缝；6—O 形密封圈。

图 6 -6　暂堵液容器模块结构图

图 6 -7　容器密封盖和模拟裂缝

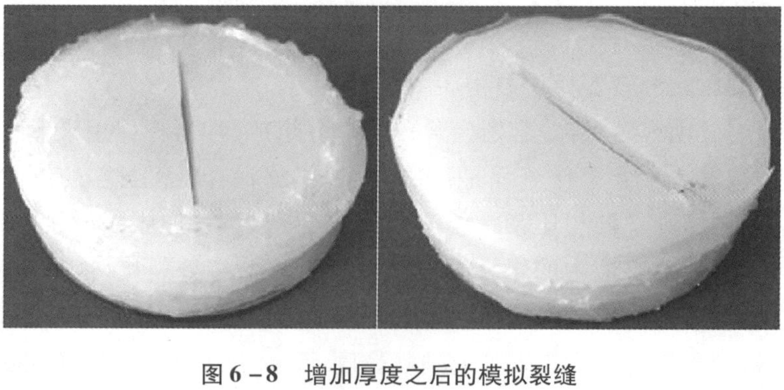

图 6 -8　增加厚度之后的模拟裂缝

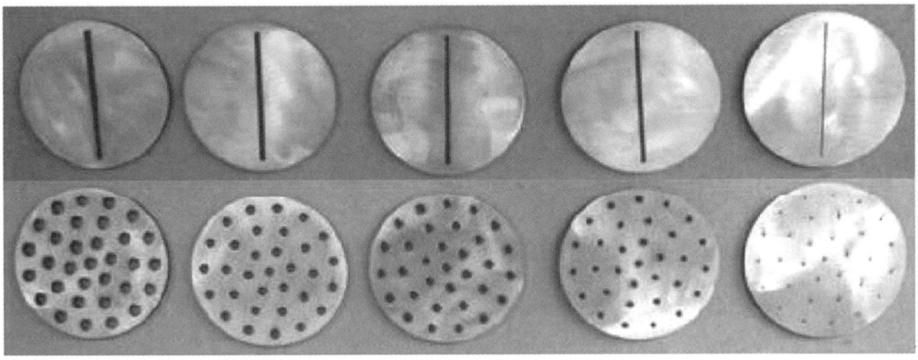

图6-9 模拟裂缝和孔隙

2. 实验装置使用方法

(1)按照实验步骤配制暂堵液,将暂堵液加入暂堵液容器中,在密封盖中准确放置模拟裂缝,并密封暂堵液容器,组装好暂堵液容器模块;

(2)将暂堵液容器模块与加压模块准确对接;

(3)打开气源,加压至实验所需压力,旋转调压手柄,调节暂堵液所受压力;

(4)用电子秤测量漏失液随时间的变化,每隔一段时间读取漏失量,及时记录、拍照;

(5)改变实验压力,测定不同压力下纤维的暂堵性能。

3. 暂堵剂性能评价实验方案

实验评价所用纤维共有五种,分别由不同生产厂家提供,为实验过程中方便描述和操作,分别编号1#~5#纤维,各纤维实物及基本性能参数分别如图6-10和表6-4所示。

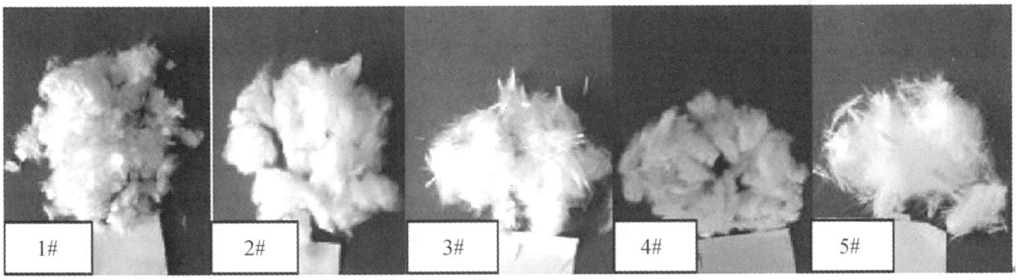

图6-10 实验用纤维材料

表6-4 实验用纤维参数表

编号	1#	2#	3#	4#	5#
长度/mm	4	4~8	6	4~8	12
直径/μm	40	40	40	40	40
外观	白色	白色	浅黄有光泽	白色	白色
特性	软、易卷曲	软、易卷曲	硬、光滑	软、易卷曲	硬、光滑

对上述五种常用的纤维依次按照分散性、降解性、携砂性进行评价,初步优选出适合用于暂堵剂的纤维。

对优选出的适合用于暂堵剂的纤维进一步进行优选和评价,分别研究不同压力对不同纤维暂堵性能的影响,得到纤维暂堵剂受施工参数变化暂堵性能的变化规律。

图 6－11 所示为水溶性化学颗粒暂堵剂,这种暂堵剂遇少量水在一定时间内变成黏稠状胶状物,具有一定的流动性。其他同类型暂堵剂虽同样为水溶性暂堵剂,但溶解速率和效果不同,遇水后快速溶解,失去黏性,起不到暂堵剂应有的效果。而实验中使用的这种暂堵剂遇水后能良好地保持其黏稠性,与其他颗粒一起复合暂堵模拟裂缝。

单独使用纤维作为暂堵剂容易出现裂缝过度封堵,所以提出使用组合型暂堵剂,将纤维与性能优良的水溶性暂堵剂以一定比例混合,评价组合暂堵剂的暂堵性能,研究组合型暂堵剂对不同尺寸裂缝的暂堵能力。

图 6－11　水溶性化学颗粒暂堵剂

6.3.2　纤维的分散悬浮性能评价

纤维暂堵转向技术能成功应用于现场施工,必须满足纤维浓度在能封堵住高渗层和裂缝带的前提下,能够被压裂液有效携带,确保纤维的注入实施可行性,同时还应在携带液中分散均匀,短时间内不会发生沉淀现象,避免产生团聚状而堵塞施工设备,因此,有必要开展纤维在携带液中的分散悬浮性实验,以此优选压裂液类型。

纤维的分散悬浮性是指将纤维加入携带液后是否分散均匀,是否有成团、成块及沉降的情况。取不同质量浓度的纤维加入相同体积的液体中,观察纤维自动分散过程,随后进行充分搅拌、静置,观察、对比是否有成团、块状和沉降现象发生。

1. 实验方案

(1)实验条件

①实验温度:室温,25 ℃。

②实验材料:五种不同的纤维及清水。

③纤维的质量浓度：0.2%、0.4%、0.6%。

④实验时间：2 h。

⑤实验仪器：250 mL 烧杯、电子天平、玻璃棒和秒表。

(2)实验方法

将每种纤维按相同质量浓度分别加入溶液中，观察其自动分散过程，然后用玻璃棒充分搅拌后静置，每过一段时间观察、对比不同纤维沉降、成团和块状现象，以此来分析各种纤维的分散性能。实验步骤如下：

①准备 5 只 250 mL 烧杯，并编号，用电子秤称取五种纤维各 0.4 g；

②在准备好的 5 只烧杯中各加入 200 mL 清水，分别将五种纤维按编号加入烧杯中，观察自动分散情况并拍照记录；

③用玻璃棒将纤维进行充分搅拌后静置，观察其分散及是否有凝结成团的情况并拍照记录；

④静置一段时间后观察纤维是否出现沉降、块状或者成团现象；

⑤再分别称取 5 种纤维各 0.8 g 和 1.2 g，重复上述步骤。

2. 实验现象及分析

(1)质量浓度为 0.2% 的纤维

根据上述实验步骤，将 5 种纤维按照实验方案配比分别加入清水中，不搅拌，观察和比较各种纤维的自主分散悬浮性能，实验现象如图 6－12 所示。

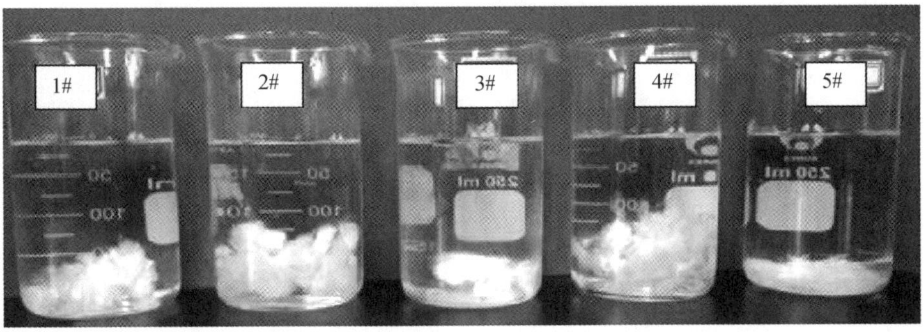

图 6－12　质量浓度为 0.2% 的纤维在清水中的分散性(未搅拌)

从上述实验现象可以看出，各纤维在加入清水中之后呈现出不同程度的分散效果，由于纤维自身密度率大于清水，因此所有的纤维都沉降在清水的底部。

用玻璃棒以相同的速度搅拌清水中的纤维各 10 min，使纤维在水中充分分散，搅拌静置 2 h 后纤维的分散悬浮效果如图 6－13 所示。从图 6－13 中可以看出，搅拌后的纤维比搅拌前体积膨胀 5～10 倍，说明搅拌对纤维的分散效果有极大的促进作用。搅拌后的 2 h 内，已经分散的纤维随时间的变化不明显，分散形态基本不变化，说明上述 5 种纤维的自主分散性较差，受外力影响作用明显。受纤维之间相互交错缠绕的影响，分散后的纤维基本无法在水中恢复原样。对比 5 种纤维的分散悬浮性能发现，1#纤维分散性最好，5#纤维次之，3#纤维有少许未分散成簇现象,2#纤维有成团现象,无法充分分散,4#纤维从烧杯侧面观察纤维几乎占满了整个清水的体积,但是纤维束之间成团成簇现象严重,分散最差。静置2 h后,1#纤维沉降现象最明显,但其沉降后并未出现成团成簇的现象,说明其分散性好但悬浮性差,2#、3#、4#纤维都略微有沉降现象,5#纤维基本无沉降。所以纤维在质量浓度为0.2%时,5种纤维分散性排序为1#>5#>3#>2#>4#,悬浮性排序为5#>4#>2#>3#>1#。1#纤维分散性最好,5#纤维悬浮性最好。

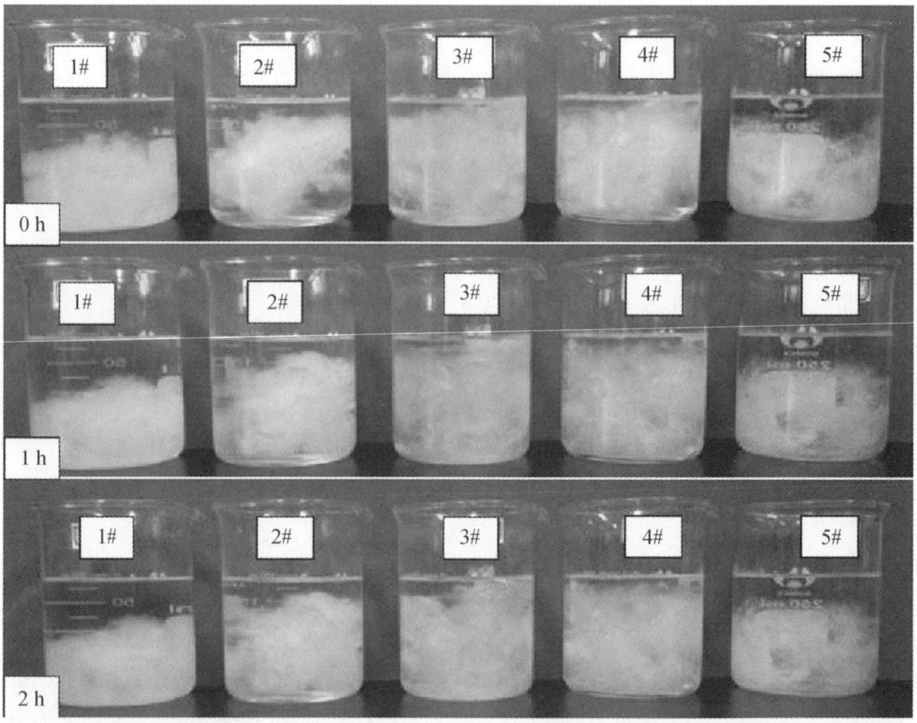

图6-13　质量浓度为0.2%的纤维在清水中的分散性(搅拌后)

(2)质量浓度为0.4%的纤维

重复上述实验步骤,将5种纤维按照质量浓度0.4%配比分别加入清水中,不搅拌,观察比较各种纤维的自主分散悬浮性能,实验现象如图6-14所示。

图6-14　质量浓度为0.4%的纤维在清水中的分散性(自由分散)

用玻璃棒以相同的速度搅拌清水中的纤维各10 min,使纤维在水中充分分散,搅拌静置12 h后纤维的分散悬浮效果如图6-15所示。同样可以发现,纤维受搅拌的影响很大,搅拌后的纤维基本布满整个清水环境,静置12 h观察,纤维分散状态基本无明显变化。对比观察这一浓度下各纤维的分散性能,可以看出1#纤维和5#纤维分散最均匀,无成团成簇现象,3#纤维分散相对不均匀,有少许的成簇现象,2#纤维成团相互连接,无法充分分散,4#纤维分散性最差。虽然5种纤维在外观看起来基本相似,但是不同的纤维在分散性上有本质的不同,分散性好的纤维每一根纤维独立存在,不与其他纤维缠绕弯曲,即使形成纤维束,也不交叉,呈并排平行分布。对于分散性交叉纤维来说,纤维量较少时互相缠绕形成小型的纤维团或者纤维簇,纤维量较大时,一定空间内,小的纤维团或纤维簇之间相互作用就会形成大的纤维团。分散性较差的纤维在清水中未搅拌之前,相互缠绕的纤维团体积较大,经外力搅拌之后,大的纤维团受力的作用分成小的纤维团,但并未实质上改变纤维之间的相互缠绕形态。4#纤维虽然整体分布在清水中,但纤维之间相互缠绕严重,分散性较其他四种纤维差。静置12 h后,5种纤维的悬浮形态随着时间基本不变,说明其悬浮性能均比较好。横向比较,4#、5#纤维基本无沉降,1#纤维沉降现象最明显,但其沉降后纤维并未出现成团成簇的现象,说明其分散性好但悬浮性差,2#、3#、4#纤维都稍微有沉降现象。所以在纤维在质量浓度为0.4%时,5种纤维分散性排序为1#>5#>3#>2#>4#,悬浮性排序为5#>4#>2#>3#>1#,从分散性来说1#和5#维最好,但是从悬浮性角度来说5#纤维最好。

图6-15 质量浓度为0.4%的纤维在清水中的分散性(搅拌后)

(3)质量浓度为0.6%的纤维

用玻璃棒以相同的速度搅拌清水中的纤维各10 min使纤维在水中充分分散,考虑到纤维基本不存在沉降现象,所以静置时间选择2 h。如图6-16所示,可以看出1#纤维和5#纤维分散最均匀,无成团成簇现象,2#纤维有成团联结现象,分散效果不好,3#、4#纤维相互连接成簇,无法充分分散。静置2 h后,由图6-17可以看出,仍然是1#纤维沉降现象最明显,但其沉降后纤维并未出现成团成簇的现象,说明其分散性好但悬浮性差,2#、3#、4#纤维都稍微有沉降现象但不明显,5#纤维基本无沉降。所以纤维在质量浓度为0.6%的情况下,分散性排列顺序为1#>5#>3#>2#>4#,悬浮性排列顺序为5#>4#>3#>2#>1#,单从分散性来说1#和5#纤维最好,但是从悬浮性角度来说2#、3#、4#、5#纤维差别不大。

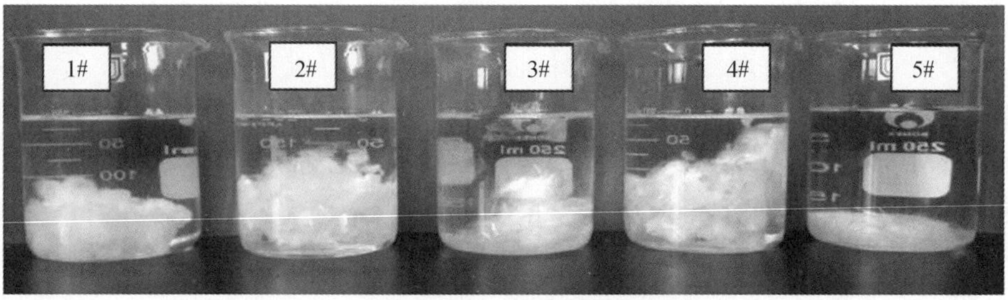

图6-16　纤维在清水中的分散性(未搅拌)

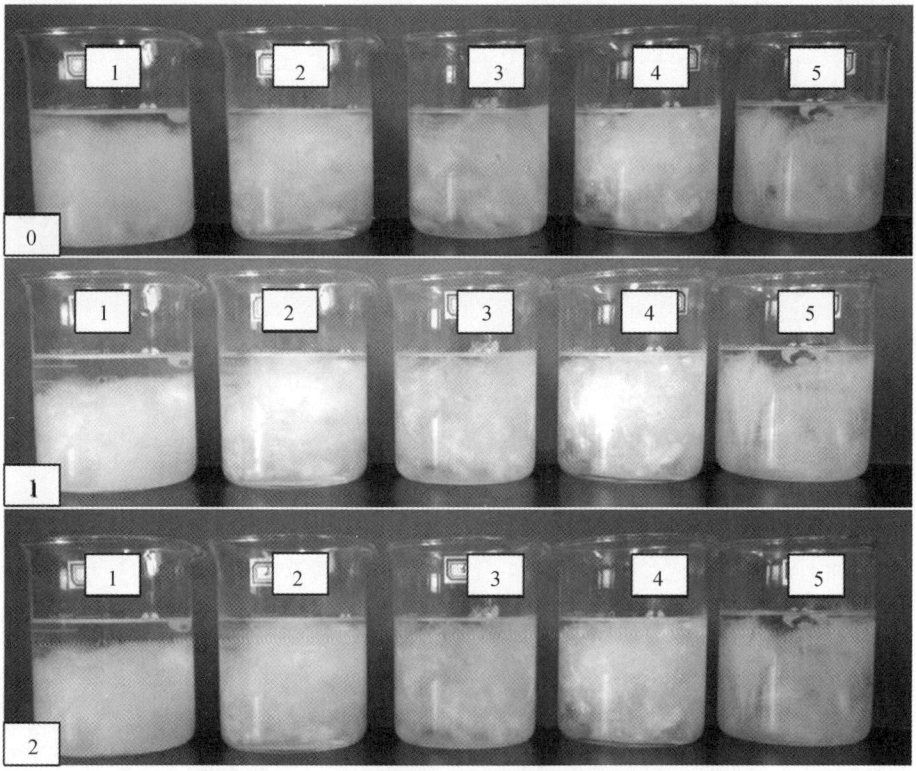

图6-17　纤维在清水中的分散性(搅拌后)

综合以上三组实验,经过实验现象对比可以表明,1#和5#纤维分散性较好,4#纤维分散性最差,4#、5#纤维悬浮性最好,1#纤维悬浮性最差。不难看出纤维质量浓度越高,纤维的悬浮性能越好,但其分散性会越差。这是由于纤维质量浓度越高,纤维之间接触作用越强,单个纤维分散空间越少,单位体积内纤维质量越大,纤维之间形成的网架结构越坚固,悬浮性越好,相应的分散性越差。

为了更直观地体现5种纤维的区别,我们将分散性和悬浮性数字化,性能按照1,2,3,4,5进行表征,5表示最好,1表示最好,得到不同浓度下5种纤维的分散性和悬浮性如表6-5和图6-18所示。

表6-5 5种纤维分散性、悬浮性评价结果表

纤维质量	1#		2#		3#		4#		5#	
浓度(%)	分散性	悬浮性	分散性	悬浮性	分散性	悬浮性	分散性	悬浮性	分散性	悬浮性
0.2	5	1	2	3	3	2	1	4	4	5
0.4	5	1	2	3	3	2	1	4	4	5
0.6	5	1	2	2	3	3	1	4	4	5
平均值	5	1	2	2.67	3	2.33	1	4	4	5

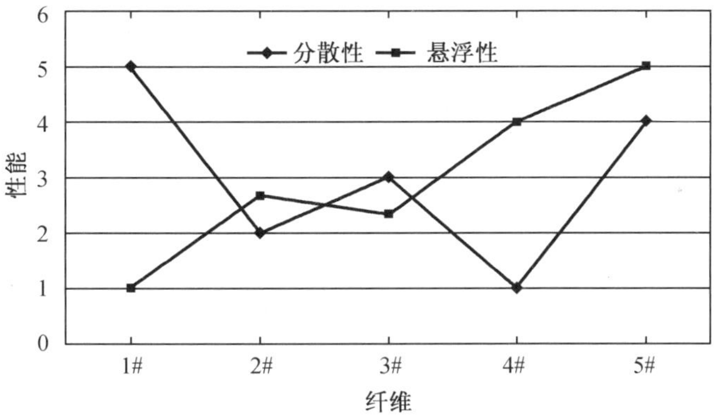

图6-18 5种纤维分散性、悬浮性评价表

6.3.3 纤维的降解性能评价

纤维的降解性能是指纤维在一定条件下可发生溶解作用使其自身体积变小或者完全溶解的能力。在石油领域,可降解纤维一般被用于对裂缝或者其他通道进行先期暂堵并在一定时间后解堵,以达到开辟新通道且不伤害原通道导流能力的目的。这是可降解暂堵纤维区别于普通压裂纤维的最主要特性。因此以室内实验的方式对纤维的降解性进行评价并选择一种合适的降解纤维很有必要。本实验主要研究降解温度和纤维所处溶液环境两个因素对纤维降解的影响。实验方案如下:

1. 实验条件及方法

(1)实验条件

①实验温度:室温、70 ℃、90 ℃。

②实验材料:1# ~ 5#纤维。

③实验液体:清水,20% HCl 溶液。

④纤维质量:1 g。

⑤实验时间:1 h,2 h。

⑥实验仪器:250 mL 烧杯,单孔电热恒温水浴锅(图 6 – 19)。

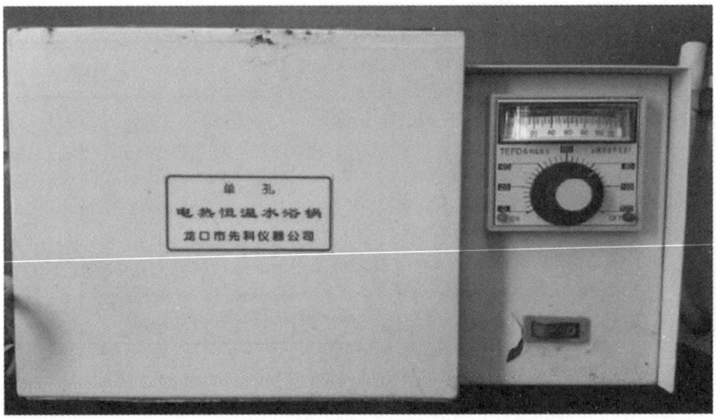

图 6 – 19　单孔电热恒温水浴锅

(2)实验方法

用恒温水浴锅控制温度,测试纤维在同一温度下不同液体中的降解情况和在同一液体中不同温度下的降解情况。各称取 1 g 纤维加至 3 种不同溶液(清水、0.4% 瓜胶压裂液、酸性溶液)中,考察同一温度下在不同溶液环境中的降解情况。各称取 1 g 纤维加至同一种液体中,考察在同一液体中不同温度下的降解情况。为了便于测量实验数据,将每一种纤维配置两份同时放入水浴锅中水浴加热,1 h 后取出第一份用于了解加热 1 h 后的降解情况,2 h 取出第二份用于了解加热 2 h 后的降解情况。具体实验步骤如下:

①在 250 mL 烧杯中分别配置 5 份 200 mL 清水,用电子秤称取 5 种纤维各 1 g,分别加至烧杯中,使其分散均匀;

②将水浴锅加热到 70 ℃,把烧杯放入水浴锅中加热;

③1 h 后取出第一份,将纤维洗净、烘干,称取质量为纤维在 70 ℃下 1 h 后的降解剩余量;

④2 h 后取出第二份,重复步骤③,得到 2 h 后的降解剩余量;

⑤将溶液换为 0.4% 瓜胶压裂液和 20% 盐酸溶液,重复上述步骤;

⑥将水浴锅温度调高至 90 ℃,溶液为清水,重复③到④步,得到不同温度下纤维的降解情况。

2. 溶液类型对纤维的降解性能的影响

根据实验步骤，设定实验温度为 70 ℃，纤维初始质量为 1 g，测定在同一温度下不同纤维在不同溶液（清水、0.4% 瓜胶压裂液、20% HCl 溶液）中的降解情况。称量不同时刻纤维的质量得到实验数据如表 6－6 所示，实验过程中不同时刻纤维的降解情况如表 6－7 和图 6－20 至图 6－23 所示。

表 6－6　70 ℃下纤维在不同液体中的降解实验数据表

纤维种类	清水中剩余质量/g			0.4% 瓜胶压裂液中剩余质量/g			20% HCl 溶液中剩余质量/g		
	0 h	1 h	2 h	0 h	1 h	2 h	0 h	1 h	2 h
1#	1.000	0.770	0.740	1.000	0.210	0.130	1.000	0.000	0.000
2#	1.000	0.960	0.940	1.000	0.950	0.920	1.000	0.000	0.000
3#	1.000	0.999	0.998	1.000	0.998	0.997	1.000	0.000	0.000
4#	1.000	1.000	1.000	1.000	0.999	0.998	1.000	0.000	0.000
5#	1.000	1.000	1.000	1.000	0.999	0.998	1.000	0.999	0.999

表 6－7　70 ℃下纤维在不同液体中降解率

纤维种类	清水			0.4% 瓜胶压裂液			20% HCl 溶液		
	0 h	1 h	2 h	0 h	1 h	2 h	0 h	1 h	2 h
1#	0	23%	26%	0	79%	87%	0	100%	100%
2#	0	4%	6%	0	5%	8%	0	100%	100%
3#	0	0.1%	0.2%	0	0.2%	0.3%	0	99%	100%
4#	0	0	0	0	0.1%	0.2%	0	100%	100%
5#	0	0	0	0	0.1%	0.2%	0	0.1%	0.1%

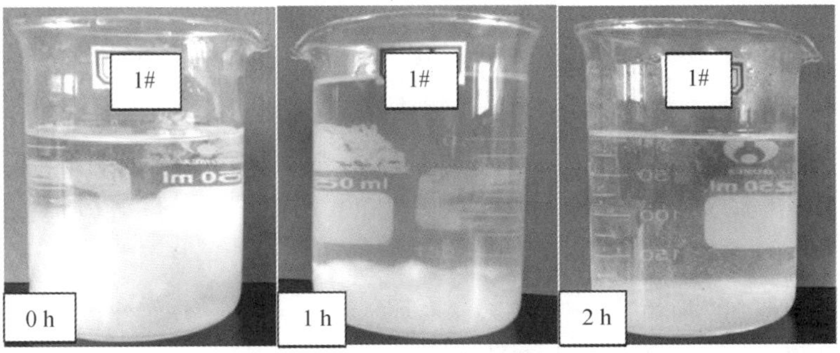

图 6－20　70 ℃清水中 1#降解情况

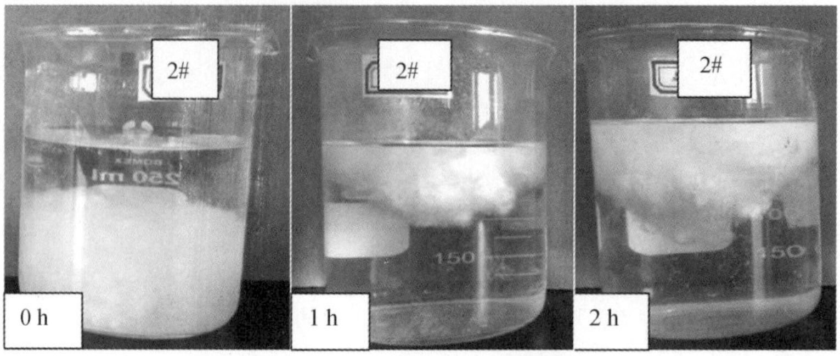

图 6-21　70 ℃清水中 2#降解情况

图 6-22　70 ℃瓜胶压裂液中 1#、2#纤维降解情况(1 h)

图 6-23　70 ℃20%HCl 溶液中 1#、2#纤维降解情况(1 h)

由实验数据可以看出,在 70 ℃溶液环境中,总体上 1#和 2#纤维降解性能较好,其中 1#纤维在清水中发生降解时,1 h 时的降解率为 23%,2 h 时的降解率为 26%;1#纤维在 0.4%瓜胶压裂液中 1h 的降解率为 79%,2 h 的降解率为 87%,而在盐酸溶液中,1 h 时已经完全降解,说明 1#纤维在清水、瓜胶压裂液及盐酸溶液中都可以发生降解,但在瓜胶和盐酸溶液中的降解速率是清水中的 4~5 倍,且第一个小时内的降解量是第二个小时内的 8~10 倍。2#纤维在清水中发生降解时,1 h 时的降解率为 4%,2 h 时的降解率为 6%:1#纤维在 0.4%肌胶压裂液中 1 h 的降解率为 5%,2 h 的降解率为 8%,而在盐酸溶液中,1 h 时同样已经完全降解。2#纤维在清水中和瓜胶压裂液中降解率均比较低,2 h 的降解率都小于 10%。而 3#、4#纤维在清水和压裂液中基本不发生降解作用,在盐酸中同样 1 h 内全部降解,所以两者只能在酸压中起到暂堵的效果。5#纤维无论是在清水中、压裂液中还是在 20% HCl 溶液中均不降解,说明 5#纤维无法用于暂堵转向压裂和酸压中。而现场可以根据施工要求的具体时间选择使用 1#或者 2#纤维。

3. 温度对纤维降解性能的影响

根据实验方案,选择实验所用液体为清水,设定实验温度为室温、70 ℃、90 ℃,实验所用纤维质量为 1 g,测定在同一溶液中不同纤维在不同温度下的降解情况,将得到的实验数据整理在表 6-8 和表 6-9 中。

表6-8　不同温度下纤维在清水中的降解实验数据表

纤维种类	室温清水中剩余质量/g			70 ℃清水中剩余质量/g			90 ℃清水中剩余质量/g		
	0 h	1 h	2 h	0 h	1 h	2 h	0 h	1 h	2 h
1#	1.000	1.000	1.000	1.000	0.770	0.740	1.000	0.000	0.000
2#	1.000	1.000	1.000	1.000	0.996	0.994	1.000	0.000	0.000
3#	1.000	1.000	1.000	1.000	0.999	0.998	1.000	0.998	0.997
4#	1.000	1.000	1.000	1.000	1.000	1.000	1.000	0.000	0.000
5#	1.000	1.000	1.000	1.000	1.000	1.000	1.000	0.000	0.000

表6-9　不同温度下纤维在清水中的降解率

纤维种类	室温			70 ℃			90 ℃		
	0 h	1 h	2 h	0 h	1 h	2 h	0 h	1 h	2 h
1#	0	0	0	0	23%	26%	0	100%	100%
2#	0	0	0	0	4%	6%	0	90%	97%
3#	0	0	0	0	0.1%	0.2%	0	0.2%	0.3%
4#	0	0	0	0	0	0	0	0	0
5#	0	0	0	0	0	0	0	0	0

图6-24、图6-25分别为90 ℃清水中1#纤维和2#纤维降解情况。

由实验数据和实验现象可以看出，室温下5种纤维均不可降解，这就可以确保在地面上加纤维过程中不会过早发生降解而影响施工效果。与70 ℃相比较。在90 ℃时，1#纤维和2#纤维降解速率大幅度增加，1#纤维在90 ℃时的降解速率是70 ℃时的5倍左右，而2#纤维在90 ℃的降解速率是70 ℃时的15~20倍。1#纤维总体上比2#纤维的降解速率块，但随着温度的增加，两者降解速率的差值也逐渐减小。1#纤维在90 ℃时1 h内全部降解，2#纤维在90 ℃时1 h内有90%的纤维全部降解。同1#和2#纤维相比，3#、4#和5#纤维在清水中不发生降解现象。现场应用时，由于暂堵液的降温作用，暂堵地层的温度大约在60 ℃，在这个温度下要保持纤维的堵塞效果，这就要求纤维在此温度下保持一定的降解速率，不可太慢太快也不可不降解。当施工结束后，随着地层温度的升高，纤维可缓慢降解以恢复封堵位置的导流能力。根据实验数据可知，1#、2#纤维的降解性相对符合施工要求，3#、4#纤维可以在酸液中降解。由于5#纤维在任何条件下均不降解，因此无法应用于暂堵转向压裂中，所以在优选纤维种类时不予以考虑。

图 6-24　90 ℃清水中 1#纤维降解情况

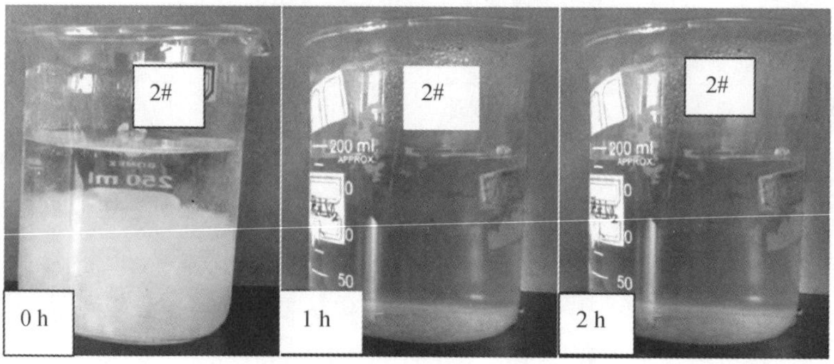

图 6-25　90 ℃清水中 2#纤维降解情况

6.3.4　纤维的携砂性能评价

压裂液的携砂性能是评价压裂液性能好坏的重要指标。压裂液携砂能力越好，支撑剂就可以被携带到更深的位置，支撑剂的支撑范围更大，会形成长而平缓的砂堤，增加压裂有效缝长，从而使裂缝的导流能力更高。目前主要以 Stokes 沉降模型为基础研究支撑剂的沉降理论。加入纤维后由于纤维之间的相互缠绕形成网状结构，会使支撑剂的沉降规律不再符合 Stokes 定律。我国研究人员设计了动态携砂实验来评价纤维对携砂液携砂能力的影响：利用大型可视裂缝模拟系统，观察砂堤运移规律。实验表明增大纤维质量浓度，砂堤形态变平缓，堤峰向裂缝深部推移，支撑剂在裂缝深部的沉降量增加，有利于增加裂缝的有效长度。

1. 实验条件及方法

为了研究加入纤维后对压裂液中支撑剂的沉降效果，进行室内静态纤维携砂实验评价。实验方案如下：

(1)实验条件

①实验温度：室温。

②实验材料：1#、2#、3#、4#纤维，40～70 目陶粒。

③实验液体：瓜胶压裂液。

砂比:30%,实验用支撑剂基本性能参数如表6-10所示。

表6-10 支撑剂基本性能参数

支撑剂	视密度/(g·cm^{-3})	体密度/(g·cm^{-3})	圆度	球度	52 MPa 破碎率/%	69 MPa 破碎率/%
40/70 目陶粒	3.23	1.67	0.9	0.9	1.56	3.97

④纤维浓度:0.1%、0.2%、0.3%。

⑤实验时间:240 min。

⑥实验仪器:250 mL 量筒、电子秤、玻璃棒。

(2)实验方法

配置携砂液:CJ2-6 羟丙基瓜胶0.5% +JL-2 交联剂(交联比100:0.8)+纤维。实验主要测试纤维的种类及纤维的添加量对压裂液悬砂性能的影响。设置不同纤维添加量分别为0 g、0.2 g、0.4 g、0.6 g。具体实验步骤如下:

①准备5只250 mL 烧杯和5只250 mL 量筒,称取5份支撑剂各100 g,1#~4#纤维各0.2 g;

②向烧杯中各加入200 mL 清水,每份清水中缓慢加入1.0 g 瓜胶粉,使其均匀溶解;

③待基液充分溶胀2 h 后,向烧杯中加入纤维,充分搅拌使其均匀分散,随后一边加入1.6 mL 交联剂,一边加入支撑剂,保证基液在交联的同时,支撑剂能够均匀分散在交联液中;

④将交联好的携砂液分别倒入量筒中,静置观察,并每隔一段时间拍照记录支撑剂沉降情况;

⑤将纤维添加量分别改为0.4 g 和0.6 g,重复上述步骤。

2. 不同纤维对携砂液携砂能力的影响

为了研究不同纤维的携砂能力,按照实验方案中的实验步骤,配置质量浓度0.1%的纤维携砂液,另添加一组未加纤维作为对比[从左往右依次是不添加纤维(简称无)、1#、2#、3#、4#纤维],沉降过程部分记录如图6-26至图6-33所示。

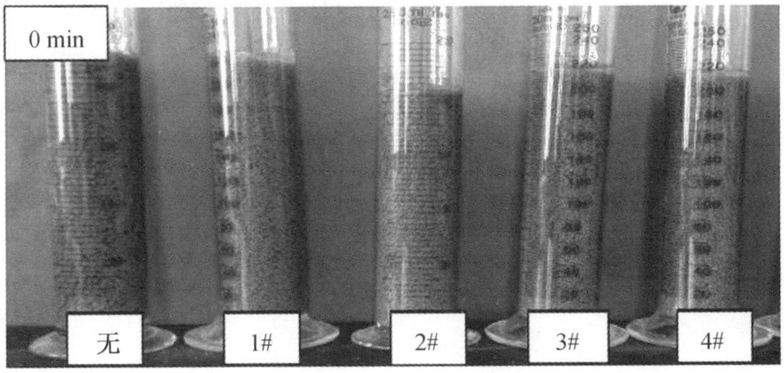

图6-26 0 min 支撑剂沉降距离

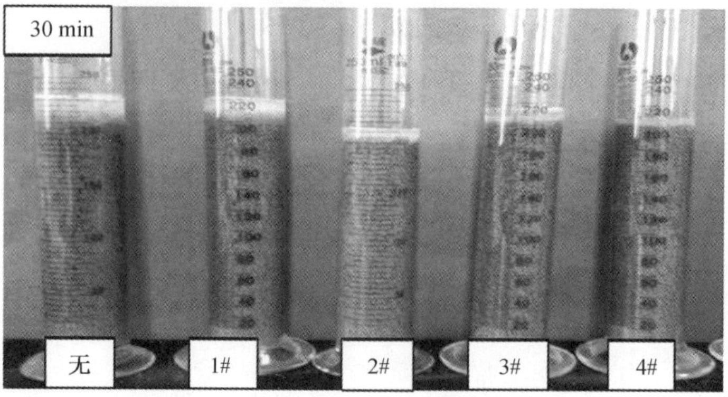

图 6 – 27　30 min 支撑剂沉降距离

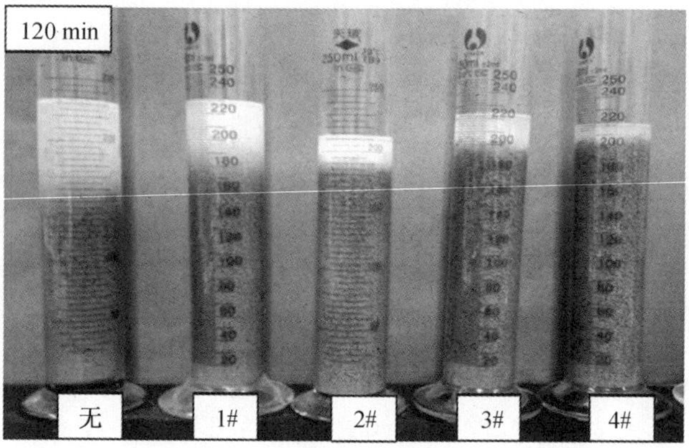

图 6 – 28　120 min 支撑剂沉降距离

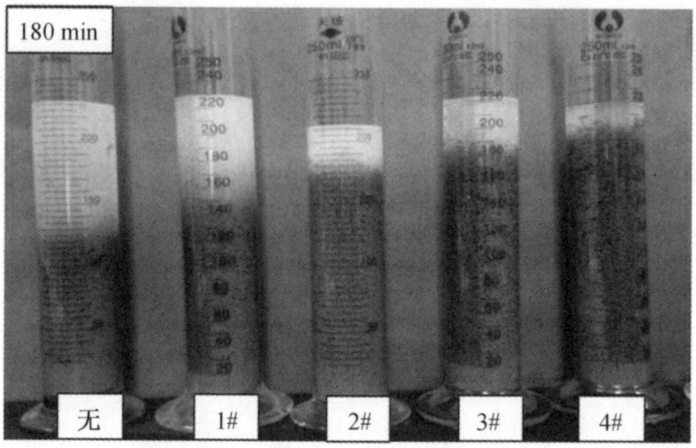

图 6 – 29　180 min 支撑剂沉降距离

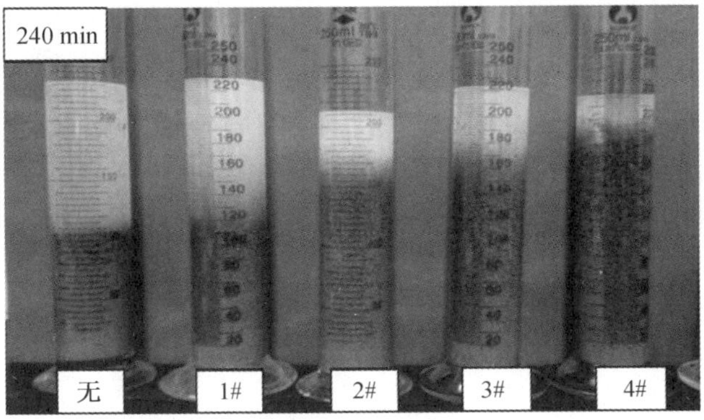

图6-30 240 min支撑剂沉降距离

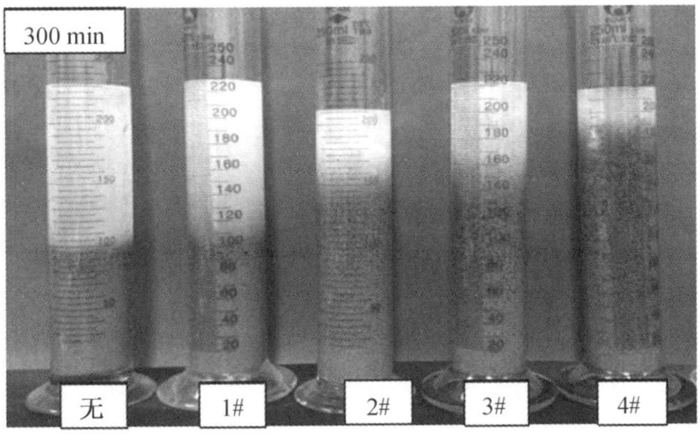

图6-31 300 min支撑剂沉降距离

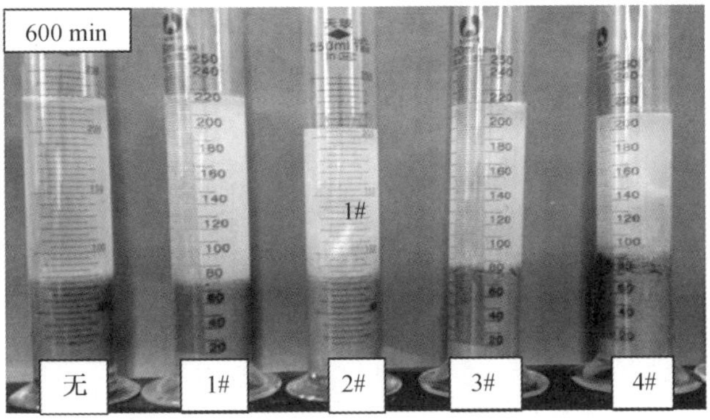

图6-32 600 min支撑剂沉降距离

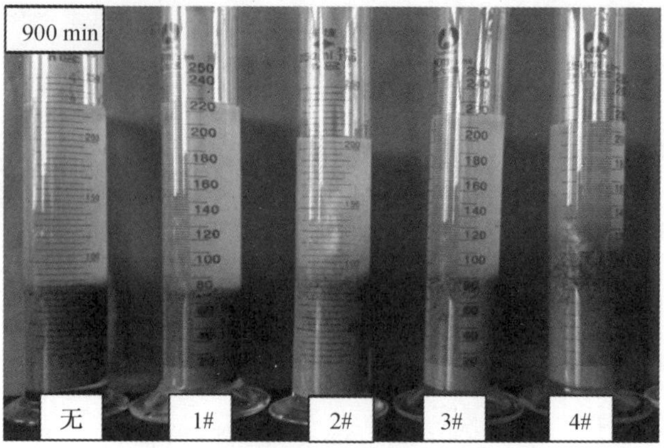

图 6-33　900 min 支撑剂沉降距离

质量浓度为 0.1% 时不同纤维的沉降距离如表 6-11 所示。

表 6-11　质量浓度为 0.1% 时不同纤维的沉降距离　　单位:%

沉降时间/min	无纤维	1#	2#	3#	4#
0	0.00	0.00	0.00	0.00	0.00
10	4.35	2.61	2.38	2.68	1.85
20	7.61	4.35	3.57	4.46	2.78
30	9.78	6.09	4.52	5.18	3.24
40	12.17	7.83	5.48	5.80	3.70
50	15.22	8.70	5.95	6.25	4.63
60	16.96	12.17	6.43	6.70	5.09
90	26.09	18.70	8.33	8.04	5.56
120	34.78	26.09	11.90	10.71	6.02
150	41.30	30.43	14.29	13.39	6.48
180	47.83	39.13	16.67	16.96	9.26
240	54.35	47.83	23.81	23.21	11.11
300	56.52	53.91	28,57	29.46	12.96
600	61.06	60.09	44.96	46.94	33.86
780	67.39	65.22	57.14	58.04	50.93
前半程沉降速度(前 180 min)/($\% \cdot min^{-1}$)	0266	0.217	0.093	0.094	0.051
后半程沉降速度(后 540 min)/($\% \cdot min^{-1}$)	0.027	0.032	0.062	0.064	0.074
整体沉降速度/($\% \cdot min^{-1}$)	0.086	0.084	0.073	0.074	0.065
前后半程沉降速度比	9.912	6.750	1.500	1.462	0.698

为了直观地观察支撑剂的沉降情况,根据表 6-11 中的数据作不同纤维支撑剂沉降距离随时间的变化关系曲线图,如图 6-34 所示。

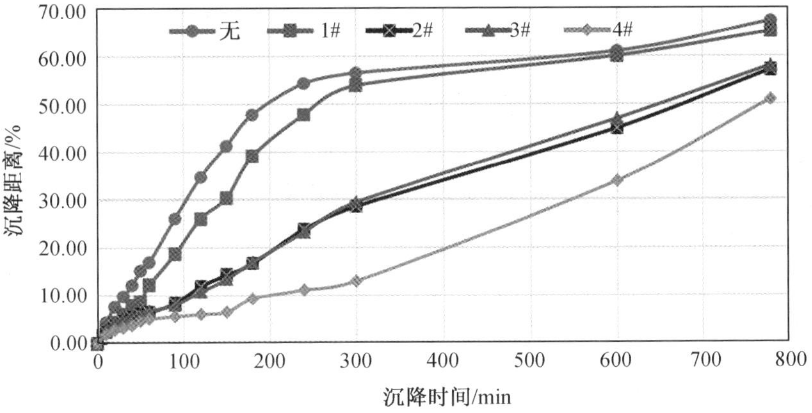

图6-34　不同纤维支撑剂沉降距离随时间的变化关系曲线图

从图6-34可以看出,在添加纤维后支撑剂的沉降速度明显大幅度减小,由于纤维种类的不同,沉降速度降低的幅度也各不相同,不过在实验结束时,5种携砂液中支撑剂的沉降距离均接近极限值70%,若时间无限延长,5种携砂液中支撑剂的沉降距离均为70%。1#纤维沉降规律曲线与无纤维状态较为相似,前半程沉降较快,后半程沉降较慢,两者的速度之比约为6.7:1,这与1#纤维的分散性有关,1#纤维分散性比其他三种都好。在携砂液中,纤维与支撑剂有机地均匀混合在一起,实验过程中支撑剂与纤维一起受自身重力作用沉降,纤维几乎不会从支撑剂中滤出来飘在携砂清液上部,1#纤维只影响支撑剂的沉降速度,并不改变其沉降机理,所以1#纤维携砂液与无纤维携砂液支撑剂沉降规律相同,沉降距离随时间的变化曲线也相似。观察1#纤维沉降曲线,240~300 min为沉降速度的一个变化过渡期或者拐点,300 min时支撑剂沉降距离约占整个压裂液高度的55%,也就是说在开始的三分之一时间内支撑剂沉降距离已占到极限沉降距离的80%。根据实验,砂比为30%,沉降距离的极限值为70%。而2#、3#和4#纤维沉降曲线整体呈线性规律,沉降曲线接近于一条直线,三种纤维前后半程支撑剂沉降速度比分别为1.5:1、1.4:1和0.7:1。整体上2#、3#和4#纤维的沉降速度前半程均大幅度小于1#纤维,后半程略大于1#纤维,实验结束时,沉降距离最小的4#纤维与1#纤维沉降距离差仅为10%。总体上看,在纤维浓度为0.1%时,120 min时未添加纤维的携砂液已经基本完全沉降,而添加了纤维的沉降距离还没有达到未添加纤维的一半,这说明添加纤维可以显著地提高携砂液的携砂能力,相比而言1#纤维沉降距离最大,2#纤维与3#纤维沉降速度基本相同,120 min时其沉降距离不及1#纤维的一半,而4#纤维携砂能力最好,120 min内沉降距离几乎为未添加纤维情况下的1/10。5种携砂液的携砂能力排序为4#携砂液>2#携砂液≥3#携砂液>1#携砂液>无纤维携砂液。

3. 不同纤维质量浓度对携砂液携砂能力的影响

为了研究不同纤维的质量浓度对携砂能力的影响,按照实验方案,配制质量浓度0.2%、0.3%的携砂液(从左往右依次是1#、2#、3#、4#纤维),观察并记录支撑剂沉降变化规律,部分沉降过程如图6-35至图6-38所示。

图 6－35　支撑剂颗粒沉降过程(0 min)

图 6－36　支撑剂颗粒沉降过程(60 min)

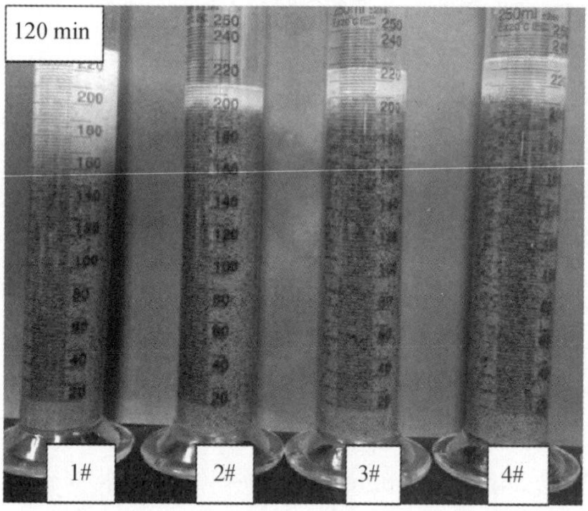

图 6－37　支撑剂颗粒沉降过程(120 min)

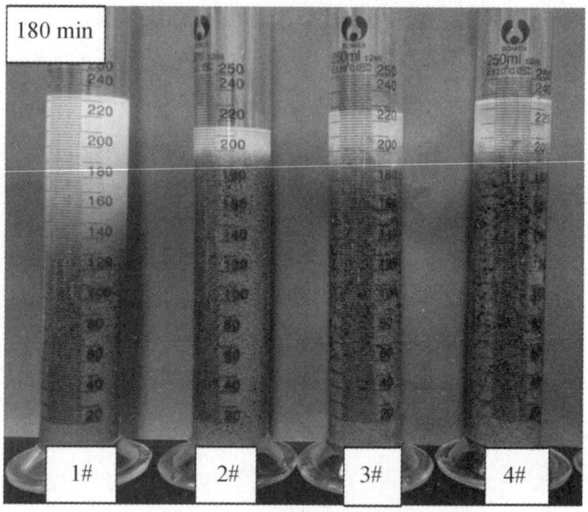

图 6－38　支撑剂颗粒沉降过程(180 min)

(1)纤维的质量浓度为 0.2%

质量浓度为 0.2% 时不同纤维的沉降距离如表 6－12 所示。

表 6－12　质量浓度为 0.2% 时不同纤维的沉降距离　　单位:%

沉降时间/min	无纤维	1#	2#	3#	4#
0	0.00	0.00	0.00	0.00	0.00
10	4.35	2.37	1.85	1.77	2.54
20	7.61	4.15	2.78	2.21	2.97
30	9.78	5.93	2,78	2.65	3.39
40	12.17	7.63	3.70	3.10	3.81
50	15.22	10,17	3.89	3.54	4.24

表 6-12(续)

沉降时间/min	无纤维	1#	2#	3#	4#
60	16.96	11.86	4.63	4.42	4.66
90	26.09	20.34	5.09	7.96	5.93
120	34.78	28.81	5.56	8.85	8.47
150	41.30	33.90	7.41	10.62	9.32
180	47.83	38.14	9.26	13.27	11.02
210	52.38	46.41	12.02	16.06	13.82
360	58.06	54.02	21.38	27.26	25.06
780	67.39	63.56	44.44	50.44	47.46
沉降速度(前 180 min)/(% · min^{-1})	0.266	0212	0.051	0.074	0.061
沉降速度(后 720 min)/(% · min^{-1})	0.027	0.030	0.057	0.060	0.059
整体沉降速度/(% · min^{-1})	0.086	0.081	0.057	0.065	0.061
前后半程沉降速度比	9.912	7.042	0.904	1223	1.037

根据表 6-12 中数据作图如图 6-39 所示。

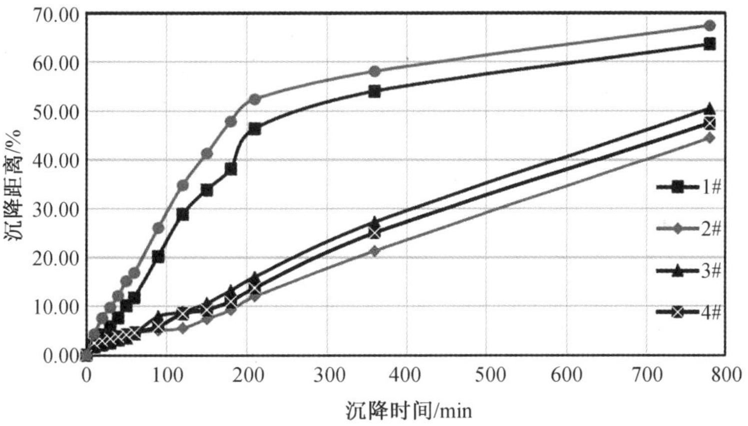

图 6-39 纤维的质量浓度为 0.2% 时支撑剂沉降距离随时间的变化关系曲线图

由图 6-39 可以看出在质量浓度为 0.2% 时,5 种携砂液中支撑剂沉降规律与第一组实验质量浓度为 0.1% 时基本类似,5 种携砂液中前半程支撑剂沉降速度与后半程支撑剂沉降速度比分别约为 10:1、7:1、0.9:1、1.2:1 和 1:1,依然是 1#纤维沉降得最快。前 180 min 内 2#、3#、4#纤维沉降速度差别不大,之后 3#与 4#纤维沉降距离基本一样,2#纤维沉降距离最小。实验整个过程中,5 种携砂液携砂能力排列顺序为 2#携砂液 > 4#携砂液 > 3#携砂液 > 1#携砂液 > 无纤维携砂液。

(2)纤维的质量浓度为 0.3%

纤维的质量浓度为 0.3% 时,5 种携砂液中支撑剂的沉降实验如图 6-40 至图 6-43 所示。

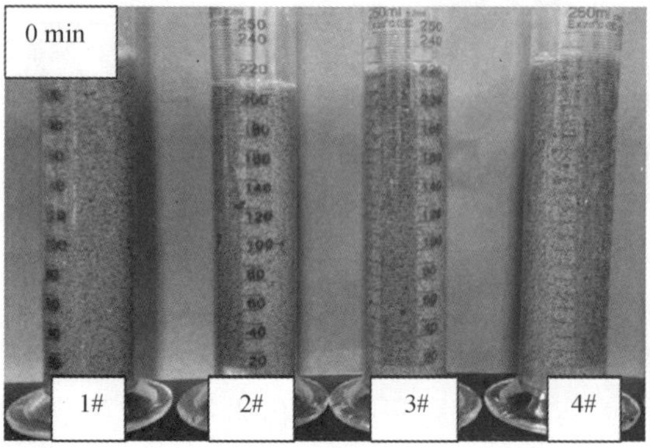

图 6-40 支撑剂颗粒沉降过程(0 min)

图 6-41 支撑剂颗粒沉降过程(60 min)

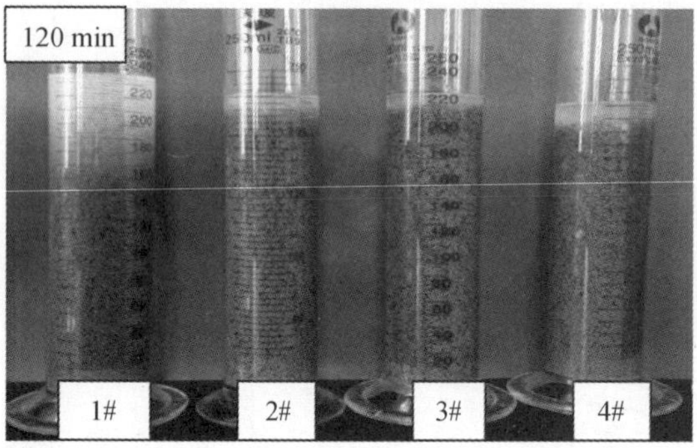

图 6-42 支撑剂颗粒沉降过程(120 min)

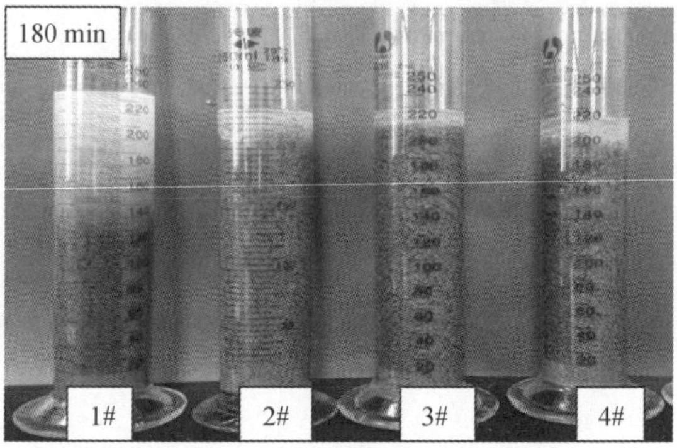

图 6-43 支撑剂颗粒沉降过程(180 min)

质量浓度为0.3%时不同纤维的沉降距离见表6-13。

表 6-13 质量浓度为 0.3%时不同纤维的沉降距离　　单位:%

沉降时间/min	无纤维	1#	2#	3#	4#
0	0.00	0.00	0.00	0.00	0.00
10	4.35	3.33	0.87	0.17	2.68
20	7.61	5.00	2.17	0.43	3.57
30	9.78	8.33	3.26	1.30	4.02
40	12.17	10.83	3.48	1.74	4.46
50	15.22	11.67	3.70	1.9	14.55
60	16.96	14.17	3.91	2.00	4.91
90	26.09	19.17	4.35	3.48	5.36
100	34.78	28.33	5.43	4.35	6.25
150	41.30	31.67	6.52	5.22	7.14

表 6－13(续)

沉降时间/min	无纤维	1#	2#	3#	4#
180	47.83	37.50	8.70	6.09	8.04
210	52.17	46.67	10.26	7.98	9.13
360	59.53	55.06	21.21	17.96	20.09
780	67.39	63.06	42.26	38.64	40.35
沉降速度(前 240 min)/(% · min^{-1})	0.266	0.208	0.048	0.034	0.045
沉降速度(后 720 min)/(% · min^{-1})	0.027	0.029	0.056	0.054	0.055
前后半程沉降速度比	9.912	7.244	0.861	0.629	0.815
整体沉降速度/(% · min^{-1})	0.086	0.081	0.054	0.050	0.052

为了便于观察支撑剂随时间沉降的规律，将表 6－13 中的数据作图，如图 6－44 所示。

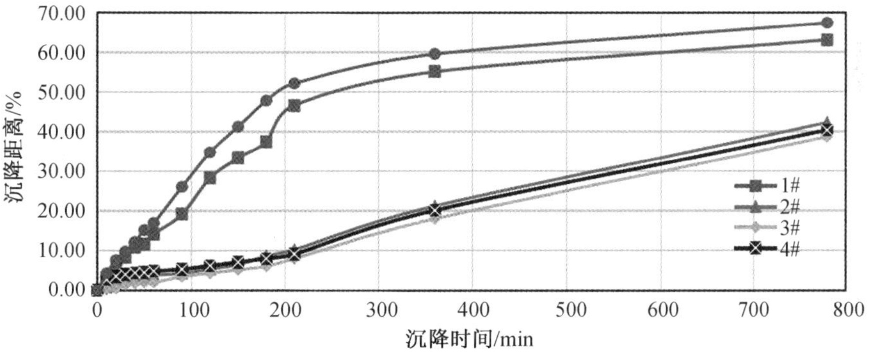

图 6－44　纤维的质量浓度为 0.3% 时支撑剂沉降距离随时间变化曲线图

由图 6－44 可以看出，当纤维的质量浓度为 0.3% 时支撑剂的沉降规律与前两组实验的结果相似，5 种携砂液中前半程支撑剂沉降速度与后半程的比分别约为 10:1、7:1、0.9:1、0.6:1 和 0.8:1。其中 1#纤维沉降的速度最快，210 min 内沉降距离是其他几种纤维的 4 倍左右，2#、3#、4#纤维沉降较慢且沉降速度差别较小。数据见表 6－14，5 种携砂液携砂能力排列顺序为 3#携砂液 >4#携砂液 >2#携砂液 >1#携砂液 > 无纤维携砂液。

表 6－14　不同质量浓度下纤维携砂液中支撑剂的沉降速度距离表　　单位：%

实验时段	项目	1#	2#	3#	4#
前半程	0.10%	0.217	0.093	0.094	0.051
	0.20%	0.212	0.051	0.074	0.061
	0.30%	0.208	0.048	0.034	0.045
	降低幅度	4.17	47.83	64.12	13.21

表 6-14(续)

实验时段	项目	1#	2#	3#	4#
后半程	0.10%	0.032	0.062	0.064	0.074
	0.20%	0.030	0.057	0.060	0.059
	0.30%	0.029	0.056	0.054	0.055
	降低幅度	10.70	9.05	16.58	25.71
整体	0.10%	0.084	0.073	0.074	0.065
	0.20%	0.081	0.057	0.065	0.061
	0.30%	0.081	0.054	0.050	0.052
	降低幅度	3.57	26.03	32.43	20.00

为了更直观地比较纤维的质量浓度对携砂能力的影响,作四种纤维携砂液支撑剂沉降速度随纤维的质量浓度的变化关系曲线图,如图 6-45 至图 6-47 所示。

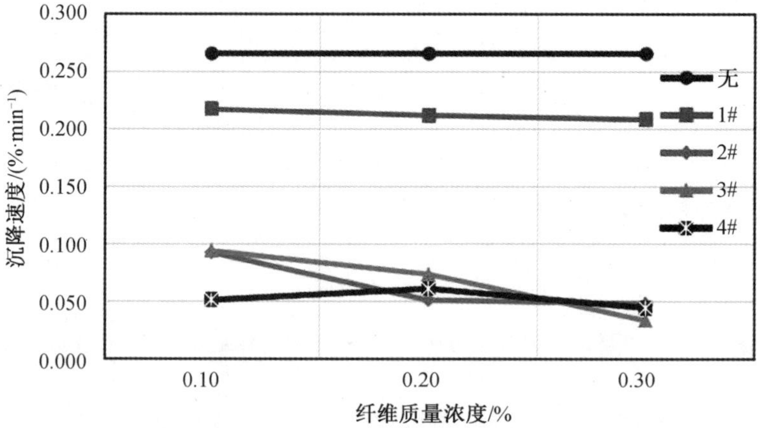

图 6-45 纤维的质量浓度对支撑剂沉降速度的影响(前半程)

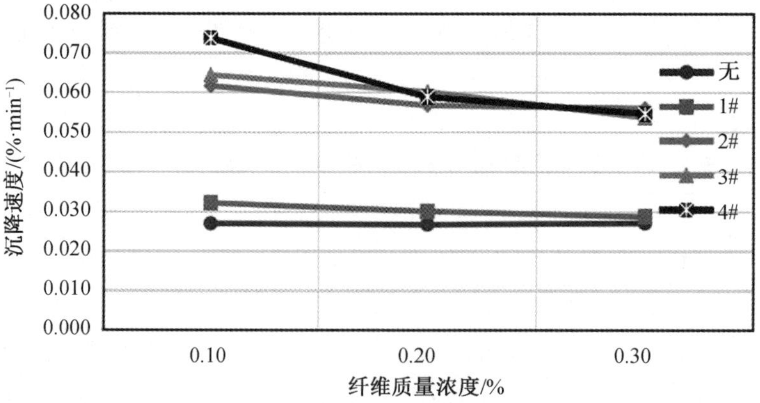

图 6-46 纤维的质量浓度对支撑剂沉降速度的影响(后半程)

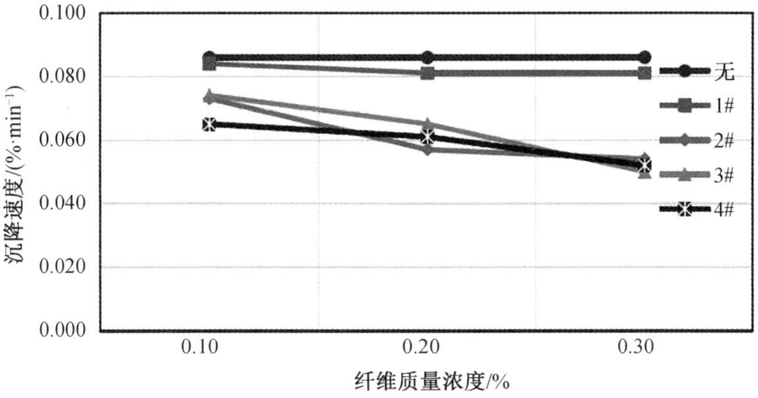

图 6-47　纤维的质量浓度对支撑剂沉降速度的影响(速度)

由上述三图可以看出,无论是哪一种纤维都能大幅度降低支撑剂的沉降速度,在支撑剂沉降的前半程中,无纤维携砂液中支撑剂的沉降速度分别是1#、2#、3#和4#纤维携砂液的1.25倍、4.5倍、4.7倍和5.2倍,在后半程分别为0.9倍、0.5倍、0.5倍和0.4倍。实验过程中所有支撑剂的最终沉降状态都已接近极限值,所以所有携砂液中支撑剂的整体沉降速度基本接近,说明添加纤维后可以明显提高携砂液的悬砂能力,这是由于纤维与纤维之间、纤维与网状结构的瓜尔胶链之间可以相互缠绕形成网状结构,从而增强了交联网状结构的强度,增大了支撑剂颗粒下沉的阻力,使其沉降速率减小,提高了携砂液的悬砂能力。

观察同一种纤维携砂液在不同浓度下的支撑剂沉降发现,总体上支撑剂的沉降速度随着纤维浓度的增加而减小,这是由于纤维浓度越大,单位体积携砂液中分散的纤维越多,纤维之间形成的网状结构越复杂紧密,相当于形成了孔眼更密集的网,从而使支撑剂颗粒的沉降阻力增大,沉降速度变慢。因此增大纤维的浓度可以提高纤维携砂液的携砂能力。图6-48所示为在支撑剂沉降的不同时段,纤维浓度从0.1%增加至0.3%时,携砂液中支撑剂沉降速度的影响曲线图。从图中可以看出,受纤维自身基本性能的影响,不同纤维随着浓度的增加,支撑剂沉降速度降低程度也不同,纤维浓度从0.1%增加至0.3%时,在支撑剂沉降的前半程,3#纤维携砂液中支撑剂沉降速度减小幅度最大为64.12%,1#纤维最小为4.17%;后半程中4#纤维携砂液中支撑剂降低幅度最大为25.71%,为2#纤维最小9.05%;整体上支撑剂沉降速度减小幅度大小排列顺序为3#>2#>4#>1#。所以3#纤维携砂液支撑剂沉降速度受纤维浓度影响最大,其次是2#、4#,受浓度影响最小的为1#纤维携砂液。

从图6-48中看出,实验的前半程,4#纤维携砂液中支撑剂的沉降速度随着纤维浓度的增加先是加快后又变慢,这与我们得出的结论不符。

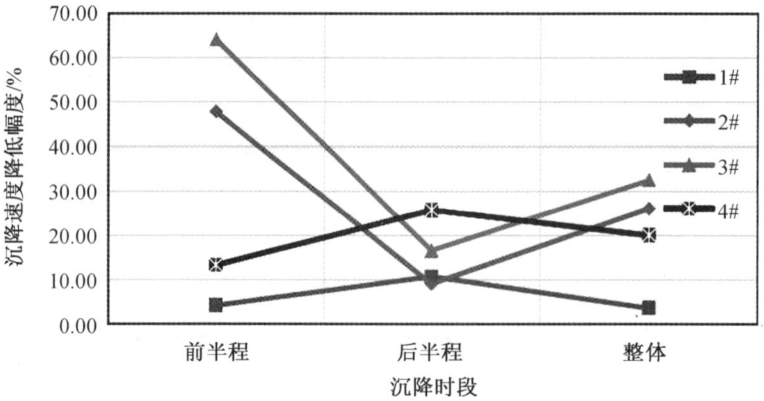

图 6-48 纤维浓度对支撑剂沉降速度的影响曲线图

如图 6-49 所示,可以看出,4#纤维在量筒的上部形成了纤维团(圈出部位),也就是 4#纤维在携砂液中无法分散,聚集在一起阻碍了支撑剂颗粒的沉降,而这种阻碍作用只会在成团部位产生巨大的阻力,导致支撑剂的沉降过程表现不出一定的规律性,所以才会出现上述实验结果。这也与之前做的分散性实验的实验结果相符,4#纤维分散性差,在分散液中容易聚结成团,虽然可以提高携砂液的携砂性能,但是在泵送过程中容易封堵泵和管线,从而影响施工,所以 4#纤维是不符合实际应用要求的,在后续实验中将不予考虑。

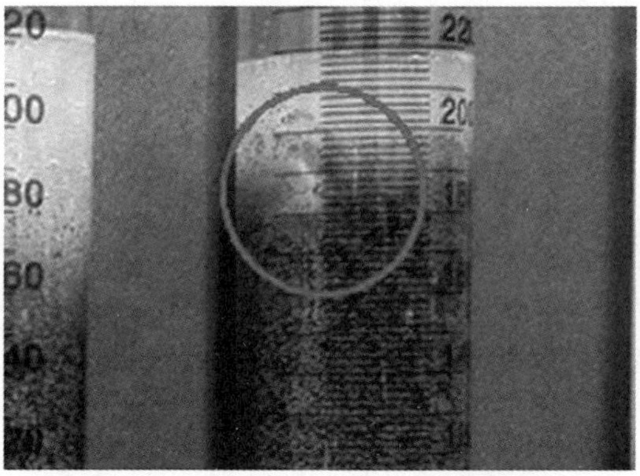

图 6-49 4#纤维携砂液实验局部图

综上,由不同纤维的质量浓度对携砂液携砂能力的影响实验可以得出,添加纤维后,携砂液的悬砂能力都明显优于未添加纤维的携砂液。四种纤维中,2#、3#、4#纤维的悬砂能力差别不大,1#纤维相对来说悬砂性能最差,3#纤维携砂能力受浓度影响最大,1#纤维受浓度影响最小,4#纤维易聚结成团,使用效果较差。改变纤维的质量浓度后,随着浓度的增加,支撑剂的沉降速度下降,因此为了得到更好的悬砂效果,在条件允许的范围内,可以适当提高纤维的含量。

6.3.5 纤维的暂堵性能评价

1. 纤维暂堵的原理

作为暂堵压裂纤维，除了要有较好的分散性、降解性和携砂性能，还需要有良好的封堵性能，也就是说要能够堵住地层中的天然裂缝和老裂缝，这样才能保证在施工时憋起高压从而实现裂缝的转向。纤维可产生暂堵效果的主要原理为：当纤维进入地层中的孔隙或裂缝中时，纤维受力变形，纤维之间相互叠加缠绕形成网状，逐渐成为致密的滤网结构，可以有效地增加后续暂堵液通过时的阻力。随着暂堵液的进一步滤失，聚集在一起的纤维越来越多，形成的滤网也越来越致密，从而可以产生暂堵憋起压力实现转向。暂堵纤维堵塞孔隙裂缝时主要包括以下几个过程。

(1)暂堵层骨架形成

当暂堵纤维进入天然裂缝或蚓孔等漏失通道后，由于裂缝表面的不平整或蚓孔的粗细不均，首先会在其狭窄的部位受阻形成“架桥”，这就形成了暂堵层的基本骨架。经过研究表明，若使用不同长短的暂堵纤维组合来进行操作，桥堵骨架会更容易形成。

(2)纤维嵌入与充填

形成基本骨架后，后续通过的暂堵液在此处受阻，暂堵液中的液体产生滤失，纤维由于相互的缠绕受阻，与暂堵液发生分离，停留在骨架位置进行充填、嵌入，使骨架更加致密。

(3)暂堵层的形成

随着滤失的暂堵液变多，聚集的纤维也就越多，在压差的作用下，形成致密的滤饼暂堵层，这时暂堵液的漏失现象消失，井底压力可以长时间保持，从而实现转向。可利用暂堵剂暂堵性能评价实验装置，通过室内实验对实验所用纤维的暂堵性能进行评价。

2. 实验方案

①实验温度：室温。

②实验材料：1#纤维、2#纤维、3#纤维、40～70 目陶粒。

③实验液体：暂堵液。

④实验压力：0.4 MPa、0.6 MPa、0.8 MPa。

⑤纤维浓度：1.67%。

⑥实验仪器：暂堵剂暂堵性能评价实验装置、量筒、电子秤、玻璃棒及其他玻璃仪器。

⑦暂堵剂溶液配制：准备 150 mL 清水，称取 1.5 g CJ2－6 羟丙基瓜尔胶，一定量暂堵剂，4 g 支撑剂，按照先加入瓜胶和暂堵剂，后加入支撑剂的顺序进行暂堵液的配置。

3. 不同种类纤维对模拟裂缝的暂堵性能研究

(1)压差 0.6MPa 下纤维的暂堵性能

研究不同种纤维的暂堵性能，按照实验方案选用 3 mm 模拟裂缝，压差 0.4 MPa。实验过程维持 30 min，每隔一段时间记录一次出液量，整理实验数据如表 6－15 所示。

表 6-15　0.4 MPa 下不同种纤维暂堵液漏失矢量实验数据表　　单位：mL

时间/min	1#	2#	3#
0	0	0	0
2	14.8	16.5	102.0
4	24.2	27.8	108.0
6	32.5	39.9	109.0
8	37.4	50.1	110.0
10	41.4	57.2	111.0
12	44.2	62.7	111.0
16	46.7	68.7	111.0
20	48.2	73.5	111.7
30	49.5	76.4	112.0

根据表 6-15 数据绘制暂堵液漏失量随时间的变化关系曲线图如图 6-50 所示。

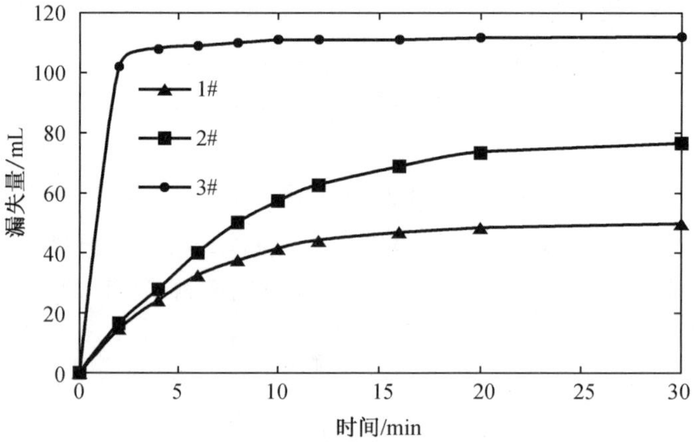

图 6-50　0.4 MPa 下不同种纤维暂堵液漏失量随时间的变化关系曲线

由图 6-50 可以看出，三种纤维的漏失量曲线均呈现同一趋势，即开始时漏失速度很快，后来逐渐变慢，最终漏失量不随时间变化，达到平衡状态。这是因为随着漏失量的增加，纤维不断地受压进入模拟裂缝，形成致密的暂堵层，纤维受压堆积越多，暂堵层越致密，直到在 0.4 MPa 压力下达到平衡状态，不再漏失为止。比较三种纤维暂堵性能，明显可以看出，1#纤维优于 2#纤维，2#纤维优于 3#纤维，30 min 时，1#纤维暂堵液的漏失量比 2 号纤维少 35.2%。评价纤维暂堵性能主要参考两个因素，一是一定时间内暂堵层漏失液体的能力，另一个是一定时间内维持压力的能力。1#纤维和 2#纤维在达到一定漏失量后均可以较长时间维持实验压力在 0.4 MPa，也就是能够形成有效致密暂堵层。3#纤维虽然 2 min 后漏失量就几乎不发生变化，但是实验时无法保持住压力，也就达不到暂堵转向的效果。

仔细观察纤维自身特点，造成这种结果的主要原因是 1#纤维和 2#纤维都偏软且长度较短,使得纤维更容易卷曲、相互缠绕,可以进入更小的缝隙,易充填紧实,形成了更致密的暂堵层。3#纤维材料较硬,表面光滑,不容易卷曲或相互缠绕,形成的纤维暂堵层不紧实,无法有效达到暂堵的效果(图6-51和图6-52)。

图6-51 3 mm模拟裂缝中1#纤维暂堵层滤饼

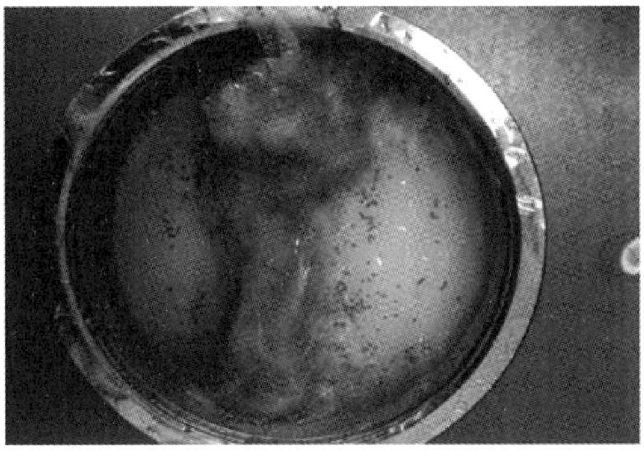

图6-52 3 mm模拟裂缝中3#纤维暂堵层滤饼

(2)压差0.6 MPa下纤维的暂堵性能

分别对三种纤维配置的暂堵液进行实验,调节实验压差为0.6 MPa,记录的实验数据整理在表6-16中。

表6-16 0.6 MPa下不同纤维暂堵液漏失实验数据表 单位:mL

时间/min	1#	2#	3#
0	0	0	0
2	8.7	10.0	109.0
4	14.9	16.9	115.0
6	20.2	22.7	116.0
8	24.3	27.5	117.0
10	25.6	30.8	118.0
12	26.1	31.9	118.5
16	26.6	32.5	119.0
20	27.0	32.9	120.0
30	27.5	33.7	120.5

绘制漏失矢量随时间的变化关系曲线图如图6-53所示。

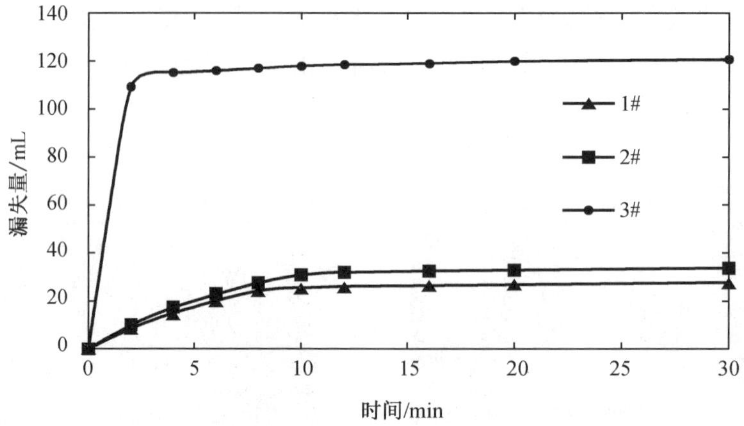

图 6-53　0.6 MPa 下不同纤维暂堵液在模拟裂缝中的漏失量随时间变化关系曲线图

由图 6-53 可以看出，就漏失量来说，1#纤维略优于 2#纤维，0 min 时，1#纤维暂堵液的漏失量比 2#纤维少 18.4%，1#纤维在 10 min 后、2#纤维在 12 min 后漏失量增加的速度开始变得很慢，也能较长时间维持实验压力在 0.6 MPa，说明已形成暂堵层。3#纤维漏失量 2 min就超过了 100 mL，无法有效维持压力，暂堵性能差。

(3)压差 0.8 MPa 时纤维的暂堵性能

分别对三种纤维配置的暂堵液进行实验，调节实验压差为 0.8 MPa，记录的实验数据整理在表 6-17 中。

表 6-17　0.8 MPa 下不同纤维暂堵液漏失实验数据表　　单位：mL

时间/min	1#	2#	3#
0	0	0	0
2	7.5	8.5	98.0
4	12.5	14.6	104.0
6	15.5	18.4	104.5
8	16.8	20.2	105.0
10	17.6	21.8	105.5
12	18.1	22.5	106.0
16	18.4	23.8	106.0
20	18.7	24.7	106.4
30	19.3	25.9	107.0

绘制漏失量随时间的变化关系曲线图如图 6-54 所示。

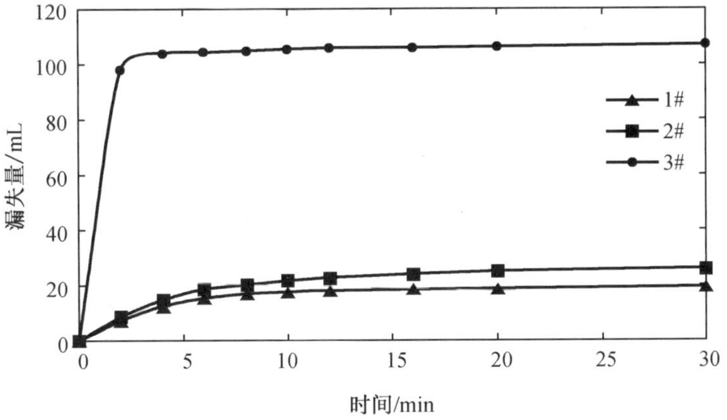

图6-54 0.8 MPa下不同纤维暂堵液在模拟裂缝中的漏失量随时间变化关系的曲线图

由上图6-54可以看出，在0.8 MPa压差下，1#纤维稍好于2#纤维，30 min时，1#纤维暂堵液的漏失量比2#纤维少25.4%，1#纤维在8 min后、2#纤维在10 min后漏失量增加的速度开始变得很慢，并且可以较长时间维持压力在0.8 MPa左右，说明这时已经形成了有效的暂堵层。3#纤维无法形成暂堵的效果，漏失量2 min就超过了100 mL，暂堵效果不好。

为了方便比较压差对纤维暂堵性能的影响，将前面三组实验30 min的总漏失量绘制成图，如图6-55所示。

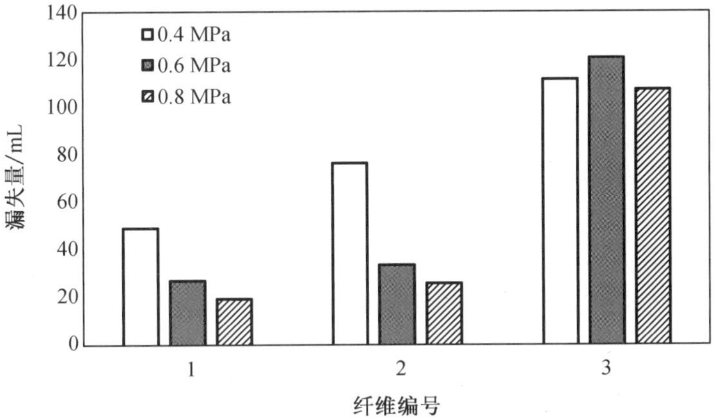

图6-55 压力对纤维暂堵性能的影响

由图6-55可以看出，3#纤维暂堵液暂堵性能随压差无明显变化规律。3#纤维暂堵液由于无法形成有效的暂堵层，在三组实验中，短时间内漏失大部分液体后，仪器里剩余大量纤维，漏失通道高于残余暂堵液液面，致使残余液体无法滤失，所以才出现后期漏失量增加缓慢的实验现象。

1#纤维暂堵液在压力从0.4 MPa增加至0.6 MPa又增加至0.8 MPa时，暂堵液的漏失量分别减少了44.4%和29.8%，整体上则减少了61.0%。2#纤维暂堵液在压力从0.4 MPa增加至0.6 MPa又增加至0.8 MPa时，暂堵液的漏失量分别减少了55.9%和23.1%，整体上则减少了66.1%。可以看出，随着压力的增加，暂堵液漏失量的减少速度逐渐减缓。1#与2#纤维暂堵液在模拟裂缝中30 min的漏失量随着实验压差的增大而减小，并且压差越大，暂堵液出现有效漏失量持续的时间越短，即形成有效暂堵层的时间越短。这主要是由于增大压差后，暂堵液瞬时漏失量变大，大量进入裂缝中聚集停留的纤维短时间在高压下更容易缠绕压实，形成有效的暂堵层，增强暂堵效果，同时也更容易"捕获"后来的纤维，从而形成一个良性循环，使暂堵层越来越致密，漏失速度也大幅度减小。因此现场施工环节时，应适当增大泵压作业，压力越大，暂堵性能越强。纤维的质量浓度为1.67%偏高，容易出现裂缝非正常封堵，所以在现场施工时，也可以适当降低纤维浓度，推荐纤维的质量浓度为1%。

综上，就控制暂堵液的漏失量的方面来看，1#纤维要好于2#纤维，3#纤维基本无法堵住裂缝。而实验时1#纤维与2#纤维在暂堵层形成后可以较长时间维持暂堵压力，3#纤维始终无法保持。实验表明，在一定范围内，压力越大，纤维越容易形成致密暂堵层，暂堵液漏失量越少，形成暂堵层的时间越短，因此在这个施工环节时可以适当增大泵压。

6.3.6 水溶性化学颗粒暂堵剂暂堵性能评价

上述实验过程中只利用可降解纤维作为暂堵剂对模拟裂缝进行封堵，效果良好。但是在现场施工过程中，纤维质量浓度偏高，施工风险较大，容易造成地面管线、井下射孔孔眼及裂缝内非暂堵位置等其他封堵情况，影响正常压裂施工。常用的暂堵剂主要包括纤维类、颗粒类和具有一定流动性的胶体类。纤维容易自缠绕，连续堆积，颗粒与纤维混合以后，对纤维有一定的压实作用，可促进纤维的沉降。

为了降低纤维造成堵塞的风险，本书将纤维、颗粒和胶体以一定的比例合理混合，研究混合型支撑剂对模拟裂缝的暂堵效果。

现场施工过程中，砂比通常为30%～40%，较为常见的是30%，本书涉及的实验方案中混合型暂堵剂总体的浓度不能超过30%，但也不能过低，否则暂堵效率偏低，影响施工的时机，所以在不造成砂堵的情况下，要求暂堵速率越快越好。

本书对多种混合方案进行了实验优选，分别将1#、2#和3#纤维与三种目数支撑剂及五种胶类水溶性暂堵剂进行合理配对，作为辅助，优选最优的混合暂堵剂配方。最终，选择混合暂堵剂总体浓度为30%，设计混合暂堵剂的配方为1#可降解纤维0.1%+20/40目陶粒10%+100目砂子10%+某水溶性暂堵剂2%。

为研究这种复合型暂堵剂的暂堵性能，分别选择1 mm和3 mm裂缝，实验压力为1.0 MPa，实验过程中记录漏失量随时间的变化。

(1)1 mm裂缝水溶性化学颗粒暂堵剂评价

1 mm模拟裂缝暂堵实验数据见表6－18。

表6－18　1 mm 模拟裂缝暂堵实验数据

时间/min	漏失量/mL	时间/min	漏失量/mL	时间/min	漏失量/mL	时间/min	漏失量/mL
0.5	0.2	14.0	6.9	29.0	10.1	62.0	12.6
1.0	0.8	14.5	7.1	30.0	10.2	63.0	12.6
1.5	1.2	15.0	7.2	31.0	10.4	64.0	12.7
2.0	1.6	15.5	7.3	32.0	10.5	65.0	12.6
2.5	2.0	16.0	7.5	34.0	10.8	66.0	12.7
3.0	2.4	16.5	7.6	35.0	10.9	67.0	12.8
3.5	2.7	17.0	7.8	37.0	11.0	68.0	12.8
4.0	3.0	17.5	7.9	38.0	11.2	69.0	12.8
4.5	3.4	18.0	7.9	39.0	11.2	70.0	12.9
5.0	3.6	18.5	8.1	41.0	11.5	71.0	12.9
5.5	3.9	19.0	8.1	42.0	11.5	72.0	12.9
6.0	4.2	19.5	8.3	43.0	11.6	73.0	13.0
6.5	4.5	20.0	8.4	44.0	11.7	74.0	13.0
7.0	4.6	20.5	8.5	45.0	11.8	75.0	13.0
7.5	4.8	21.0	8.6	46.0	11.8	80.0	13.2
8.0	5.0	21.5	8.7	47.0	11.9	85.0	13.4
8.5	5.3	22.0	8.8	48.0	11.9	90.0	13.5
9.0	5.5	23.0	9.0	49.0	11.9	95.0	13.6
9.5	5.7	23.5	9.1	50.0	12.0	100.0	13.8
10.0	5.8	24.0	9.2	52.0	12.1	105.0	13.8
10.5	5.9	24.5	9.3	53.0	12.2	110.0	14.0
11.0	6.1	25.5	9.5	54.0	12.3	115.0	14.0
11.5	6.3	26.0	9.6	56.0	12.3	120.0	14.1
12.0	6.4	26.5	9.7	57.0	12.4	125.0	14.2
12.5	6.5	27.0	9.7	58.0	12.4	130.0	14.2
13.0	6.7	27.5	9.8	60.0	12.5	140.0	14.3

绘制漏失量随时间的变化关系曲线图如图6－56所示。

从实验数据和曲线图中可以看出，优选出的混合暂堵剂对1 mm的封堵效果良好，虽然曲线中前0.5 h内漏失量变化曲线斜率较大，相比后期2.5 h的曲线有很大不同，但是在前0.5 h内暂堵液的漏失量只有10 mL，而暂堵液总量为150 mL，暂堵液漏失比例不足10%，这在现场施工过程中，已经足够能封堵旧裂缝，重新产生新的裂缝。实验过程持续时间为3 h，整个实验过程中漏失量不足15 mL，在后2.5 h内，暂堵液的漏失量为5 mL，平均速率为开始0.5 h的十分之一，可以说明这种混合类型的暂堵剂对1 mm裂缝的封堵效果极好。而混合暂堵剂中的纤维和水溶性暂堵剂均可以在地层温度下经过一段时间后溶解在压裂液或者地层液体中，不影响原封堵裂缝正常的生产能力。

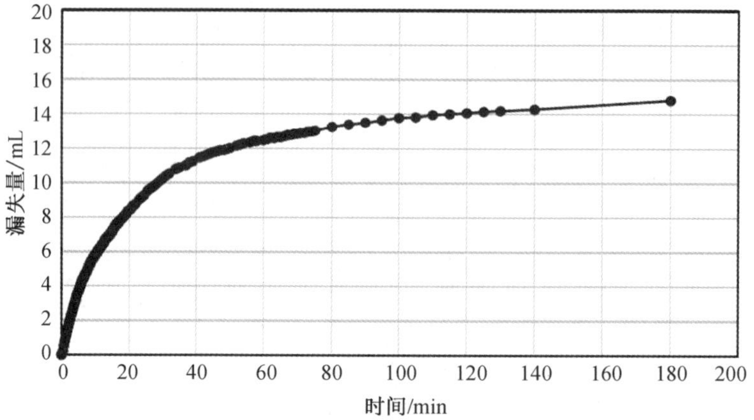

图 6－56　1 mm 模拟裂缝暂堵液漏失量随时间的变化曲线

实验后打开实验装置，得到模拟裂缝中暂堵剂形成的暂堵段塞。纤维清晰可见，灰色大颗粒为 20/40 目支撑剂，黄色小颗粒为 100 目支撑剂，浅黄色黏稠状物质为水溶性暂堵剂与瓜胶浓度为 0.4% 的混合物。不论是在裂缝截面位置还是在未进入裂缝的暂堵剂混合液中，暂堵液中纤维、两种粒径支撑剂及水溶性暂堵剂均匀地混合在一起。纤维、支撑剂及水溶性暂堵剂各自分工明确，缺一不可，共同将模拟裂缝有效封堵。暂堵液在穿过模拟裂缝的过程中，长度远大于裂缝宽度的纤维在裂缝壁面之间架桥，形成一层复杂的、相互交织的网状结构，增大支撑剂运动阻力。大粒径的支撑剂由于运动通道受阻，首先沉降停留在纤维层上，进而小粒径的支撑剂填充大粒径支撑剂堆积形成的大孔隙。水溶性暂堵剂在充分溶解在线性胶压裂液中之前，流动性较水性能较差，在受压通过上述最终形成的孔隙过程中，压裂液顺利通过裂缝，而水溶性暂堵剂由于其具有一定的黏性附着在支撑剂颗粒的表面，随着暂堵剂越堆积越多，暂堵剂完全填充了孔隙，形成了一层暂堵层。随着时间的增加，重复上述的过程，循环往复，一层层地叠加暂堵层，降漏失能力越来越高，直至暂堵层充满模拟裂缝（在现场施工过程中只加一段暂堵液，形成具有一定长度的可溶性暂堵层），最终形成的可溶性暂堵层如图 6－57 和图 6－58 所示。

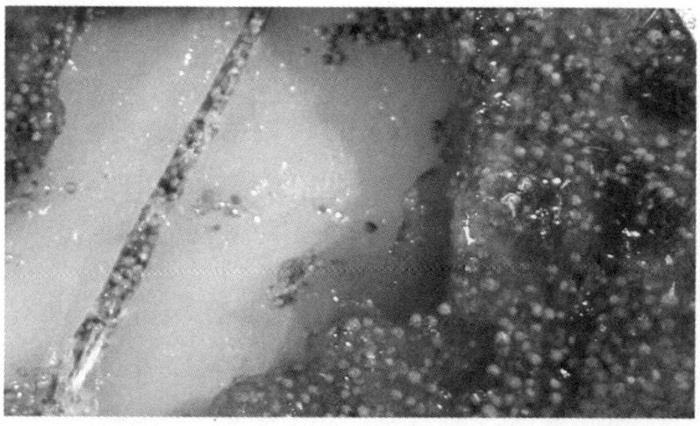

图 6－57　模拟裂缝中混合暂堵剂铺置情况

图 6－58　模拟裂缝中混合暂堵剂分布状态

(2)3 mm 裂缝水溶性化学颗粒暂堵剂评价

相同条件下,改变实验装置模拟裂缝的宽度后进行实验,得到如表6-19所示的实验结果。

表6-19 3 mm 模拟裂缝暂堵实验数据

时间/min	漏失量/mL	时间/min	漏失量/mL	时间/min	漏失量/mL	时间/min	漏失量/mL
0.5	0.3	7.5	1.8	19.0	6.9	33.0	17.3
1.0	0.5	8.0	1.9	20.0	7.6	34.0	18.2
1.5	0.6	8.5	2.1	21.0	8.2	35.0	19.3
2.0	0.8	9.0	2.2	22.0	8.7	36.0	20.3
2.5	0.8	9.5	2.4	23.0	9.3	37.0	21.3
3.0	0.8	10.0	2.7	24.0	9.9	38.0	22.4
3.5	0.9	11.0	3.1	25.0	10.6	39.0	23.5
4.0	1.1	12.0	3.5	26.0	11.3	40.0	24.4
4.5	1.2	13.0	4.0	27.0	12.1	45.0	29.8
5.0	1.3	14.0	4.4	28.0	12.9	50.0	35.1
5.5	1.3	15.0	4.9	29.0	13.7	55.0	40.3
6.0	1.5	16.0	5.4	30.0	14.7	60.0	45.9
6.5	1.5	17.0	5.8	31.0	15.6	65.0	52.7
7.0	1.7	18.0	6.3	32.0	16.5	70.0	59.0

绘制漏失量随时间的变化关系曲线图如图6-59所示。

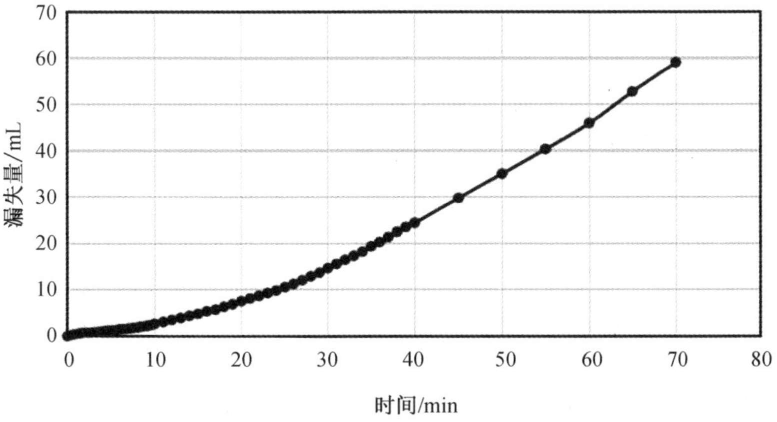

图6-59 3 mm 模拟裂缝暂堵液漏失量随时间的变化曲线

结合实验现象,对比1 mm和3 mm两种裂缝宽度下压裂液的漏失曲线可以看出,3 mm

裂缝宽度漏失曲线与 1 mm 裂缝宽度时略有不同，初始漏失速度略大外，其他实验现象比如暂堵层结构等均比较类似，30 min 内压裂液漏失量为 15 mL，仍然可以满足需要，现场施工时，可以稍微增加暂堵剂的用量。

6.3.7 实验总结

经过初步筛选得到 1#纤维、2#纤维、3#纤维适合用于暂堵剂使用。纤维暂堵性能评价实验表明，就控制暂堵液的漏失量来看，1#纤维要好于 2#纤维，3#纤维基本无法堵住裂缝。1#纤维与 2#纤维在暂堵层形成后可以较长时间维持暂堵压力，3#纤维始终无法保持。在一定范围内，压力越大，纤维越容易形成致密暂堵层，暂堵液漏失量越少，形成暂堵层的时间越短。配方为 1#可降解纤维 0.1% +20/40 目陶粒 10% +100 目砂子 10% +某水溶性暂堵剂 2% 的组和暂堵剂对裂缝的封堵性能较好，可以克服单独使用纤维或者水溶性颗粒暂堵剂的缺点，性能优良。

6.4 复合暂堵剂暂堵技术

在页岩气、致密油等非常规油气资源的开发中，为有效提高水力裂缝的复杂程度，通过不同粒径暂堵剂的组合使用，在近井缝口或远场缝端可产生致密的暂堵剂封堵带，迫使流体转向，产生新的裂缝或者分支缝，从而达到增加裂缝复杂程度、提高油气产量的目的。室内通过对暂堵剂不同尺寸、不同比例分布下的渗透率降低程度进行测试，结果表明，近井缝口暂堵粗、中、细颗粒暂堵剂的比例以 40%∶25%∶35% 最优，远场缝端暂堵中、细颗粒暂堵剂的比例以 35%∶65% 最优。该复合暂堵剂耐温 40 ~ 150 ℃，耐压差 40 MPa，能够根据地层温度和降解剂的加量调节降解时间，满足压后生产的需求。现场施工结果表明，复合暂堵工艺可以有效实现裂缝转向，加大裂缝复杂程度，增产效果良好。该工艺可以给暂堵转向压裂施工设计者或水平井重复压裂施工设计者提供借鉴和参考。

随着页岩气、致密油等非常规油气资源的开发，提高水力裂缝复杂程度逐渐成为水力压裂施工设计的关键所在，其中暂堵转向是提高水力裂缝复杂程度的方法之一。其原理是使用暂堵剂暂时封堵压裂液的原始通道，改变压裂液的流向，迫使产生新的裂缝，从而提高水力裂缝的复杂程度；而且暂堵剂在可控的时间内会溶于水相或烃中，不会对储层产生伤害，可满足压后生产的需求。目前，常用的暂堵剂类型主要有暂堵球、颗粒暂堵剂和可降解纤维等。

暂堵球主要用来封堵射孔孔眼，实现液体层间转向，适用于直井多层（或水平井多段）压裂，改善直井多层（或水平井多段）笼统压裂储层改造不均匀的情况。郑志兵分析了暂堵球的封堵效果影响因素以及其在油田的实际应用情况，认为暂堵球能否封堵成功对排量和需封堵孔眼数较为敏感，高排量、较少孔眼数和较低球液密度差有利于提高封堵效果。廖仕孟等、杨毅等研究了暂堵球在页岩气套变井体积压裂中的应用情况，解决了水平井套管变形无法应用泵送桥塞分段压裂的难题，给页岩气套变井体积压裂提供了新思路。

颗粒暂堵剂和可降解纤维也是目前常用的暂堵剂类型，既可以实现炮眼和缝口暂堵，达到液体层间转向的目的,也可以实现裂缝缝端暂堵,产生分支缝,达到缝内转向的目的,提高水力裂缝的复杂程度。姜必武等对低渗透油田重复压裂蜡球暂堵剂进行了热稳定性、与原油配伍性和溶解性等性能研究。马如然等提出油田压裂用暂堵剂技术,提出了一些新型暂堵剂类型。王盛鹏等介绍了一种油溶性的暂堵剂及其应用情况,进行了暂堵剂的抗温性、抗压性、在压裂液中的分散性以及矿化度对暂堵剂性能的影响的研究。赵庆波等研制了一种改性松香油溶性暂堵剂,对其油溶性、耐酸性、耐水性和分散性进行了实验评价。油溶性暂堵剂不太适用于高含水井和注水井的情况,所以目前研究的方向主要是水溶性暂堵剂。赖南君等研制了一种水溶性压裂暂堵剂,并对其性能进行了表征。结果表明,随着温度升高、溶解时间延长,暂堵剂在地层水中的水溶率增大。车航等针对华北油田阿尔区块部分油井出现高含水甚至是特高含水情况,进行了压裂用暂堵剂研究,通过实验优选出3种配方体系暂堵剂。成梅华对水溶性纤维暂堵剂进行了研究和评价,其水溶率大于95%,暂堵率达95%以上,封堵压力大于10 MPa,解堵后渗透率恢复率可达95%以上。汪小宇介绍了压裂用水溶性暂堵剂及其现场应用情况,研制出一种水溶性压裂暂堵剂WSA,对其性能进行了研究,并开展了6口井的现场应用。杨乾龙等研究了碳酸盐岩深层水平井纤维分流暂堵复合酸压技术及其应用情况,这是一种新型可降解纤维暂堵剂,具有较好的分散性能和降解性能,且分流暂堵效果明显,现场应用10井次,增产效果显著。付美龙等针对油井施工次数的增加,老井原有的人工裂缝生产潜能逐年降低等问题,提出了转向重复压裂技术,并介绍了水溶性SC－JXSG高效暂堵剂,通过室内静、动态实验评价了暂堵及解堵效果,分析了暂堵剂的质量分数、注入量和注入压力对暂堵效率的影响。该暂堵剂现场试验效果良好,可以满足压裂暂堵现场施工要求。

潘宝风等针对元坝长兴组储层水平段酸化改造中均匀布酸难题,开展了暂堵酸化用复合暂堵剂研究。研究确定了酸溶性纤维种类、长度及用量,优化了颗粒材料的种类、用量及粒径组合,在此基础上形成复合暂堵剂并开展堵漏性能评价实验。李晖等针对复合暂堵分段酸压工艺,优选了耐高温、高压差的三类暂堵剂,分别可实现对基质、微裂缝及人工裂缝的高效暂堵,形成了复合暂堵酸压优化设计技术。牟建业等针对塔河油田缝洞型碳酸盐岩大型复合酸压过程中液体滤失严重的现象,利用高温高压酸岩反应流动仪对粉陶、可降解纤维、油溶性树脂3种暂堵剂进行了室内实验,测得这3种暂堵剂在不同加量下的最大驱替压差和暂堵时间,并从暂堵效果、对地层伤害、价格和施工等方面评价了这3种暂堵剂。洪成云等对压井液中暂堵剂颗粒尺寸优选进行了研究,在压井作业转层测试时,为了保护支撑裂缝,达到最好的暂堵效果,研究并优选了匹配裂缝尺寸的暂堵剂及最优比例。

目前,油田应用的暂堵剂类型逐渐从油溶性向水溶性过渡,暂堵剂类型逐渐从单一化向多样化发展,实验室暂堵剂评价的重点仍然是暂堵剂的封堵性能和暂堵剂的溶解性能。但是,针对不同暂堵工艺类型的不同类型暂堵剂的复合暂堵方式研究较少,现场应用也较少。本章节首先介绍了暂堵转向机理,然后介绍了3种不同尺寸大小的颗粒暂堵剂及其性能参数,提出了针对不同暂堵工艺类型的复合暂堵方式,并通过实验给出了不同尺寸暂堵剂的最优使用比例,最后选择东北某油田的一口井进行暂堵转向压裂加以验证,以期为将来的暂堵转向压裂施工设计者提供借鉴和参考。

6.4.1 暂堵转向机理

流体转向就是封堵低阻力通道，迫使流体通过初始高阻力通道。流体的注入速率可以用液体平面径向流产量公式表示，即

$$q=\frac{2\pi Kh}{\mu}\frac{\Delta p}{\left(\ln\frac{r_e}{r_w}\right)} \tag{6-1}$$

式中，q 为流量，cm^3/s；K 为介质渗透率，μm^2；h 为介质厚度，cm；μ 为流体黏度，mPa · s；Δp 为压差，10^{-1} MPa；r_e 为供油半径，cm；r_w 为井筒半径，cm。流体注入地层的阻力可以用 $\Delta p/q$ 来表示，即

$$\frac{\Delta p}{q}=\frac{\mu}{K}\frac{1}{2\pi h}\left(\ln\frac{r_e}{r_w}\right) \tag{6-2}$$

可知，流体注入地层的阻力与注入流体的黏度成正比，与地层的渗透率成反比，即

$$\frac{\Delta p}{q}\propto\frac{\mu}{K} \tag{6-3}$$

根据(6－3)式，增大低阻区域的阻力，可以提高液体黏度，也可以降低地层的渗透率。暂堵转向就是应用暂堵剂降低流体在原始流动通道的渗透率，提高原始流动通道的阻力，迫使流体转向。一般来说，封堵裂缝的固体颗粒暂堵剂是一个不同尺寸颗粒暂堵剂的组合，包括粗颗粒暂堵剂、中颗粒暂堵剂和细颗粒暂堵剂。颗粒暂堵剂的封堵机理包括暂堵剂的桥结和充填带渗透性的降低。较大颗粒暂堵剂的作用是暂堵剂充填带的架桥，较小颗粒暂堵剂的作用是充填较大颗粒之间的孔隙，降低充填带的渗透性。颗粒暂堵剂除了能够桥结和封堵形成致密的充填带外，还要求对储层无伤害，在水相或者烃中能够完全溶解。

6.4.2 暂堵剂尺寸分布

本书作者研究的颗粒暂堵剂是一种水溶性暂堵剂，使用标准检验筛，将颗粒暂堵剂分为粗颗粒暂堵剂10/20目(0.85～1.70 mm)、中颗粒暂堵剂16/30目(0.60～1.18 mm)和细颗粒暂堵剂20/40目(0.425～0.850 mm)。三种尺寸颗粒暂堵剂的性能参数见表6－20。

表6－20　三种尺寸颗粒暂堵剂的性能参数

名称	粒径/目	耐压差/MPa	耐温/℃	降解时间可控情况
粗颗粒暂堵剂	10/20	40	40～150	可控
中颗粒暂堵剂	16/30	40	40～150	可控
细颗粒暂堵剂	20/40	40	40～150	可控

本书作者研究的颗粒暂堵剂耐温40～150 ℃，耐压差40 MPa，降解时间可控(2～120 h)。

根据施工工艺的不同对上述三种尺寸颗粒暂堵剂进行不同比例的组合，从而达到封堵裂缝、最大程度降低充填带渗透性、迫使流体转向、压开新裂缝的目的。

6.4.3 暂堵剂的复合暂堵实验

根据施工工艺的不同，裂缝暂堵可以分为近井缝口暂堵和远场缝端暂堵，其中近井缝口暂堵主要封堵炮眼和近井地带，迫使流体转向阻力低的区域，开启新的裂缝，如图6－60所示；远场缝端暂堵主要封堵裂缝深部或缝端，迫使流体转向阻力低的区域，在主裂缝内开启新的分支缝，如图6－61所示。

图6－60 近井缝口暂堵示意图

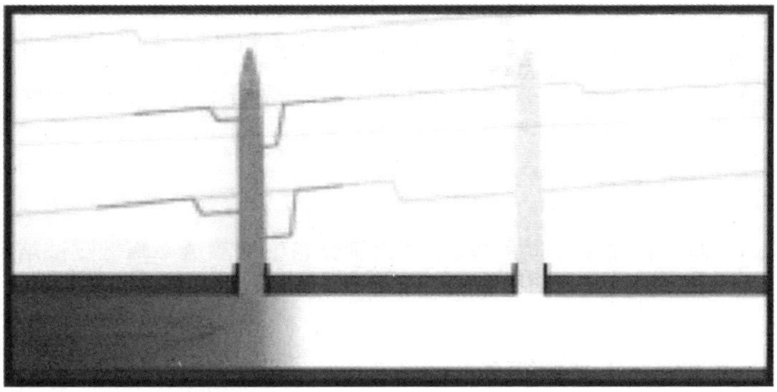

图6－61 远场缝端暂堵示意图

1. 近井缝口暂堵

因为近井缝口宽度较大（>5 mm），建议采用粗颗粒暂堵剂＋中颗粒暂堵剂＋细颗粒暂堵剂的复合暂堵方式，即三峰分布模式。粗颗粒暂堵剂架桥，中颗粒暂堵剂和细颗粒暂堵剂充填于粗颗粒暂堵剂之间的缝隙，降低暂堵剂充填带的渗透性，从而形成致密的充填带。

利用岩心流动实验装置（采用两个串联的填砂管，从进液端方向，第一个填砂管充填不同比例的复合暂堵剂，第二个填砂管充填高渗透性的人造岩心），以第二个填砂管充填高渗透性的人造岩心的渗透率为基数，通过测量粗颗粒、中颗粒和细颗粒以不同比例混合的复合暂堵剂的渗透率,研究暂堵剂不同尺寸、不同比例分布下的渗透率降低程度,即封堵效果。复合暂堵剂的比例以粗颗粒暂堵剂40%、中颗粒暂堵剂25%和细颗粒暂堵剂35%为最优,实验结果见表6-21。

表6-21　暂堵剂不同尺寸分布下的渗透率降低测试结果

降低程度			分布模式	渗透率降低程度/%
粗颗粒/%	中颗粒/%	细颗粒/%		
0	50	50	双峰分布	73
10	40	50	三峰分布	76
20	35	45	三峰分布	93
40	25	35	三峰分布	95
50	25	25	三峰分布	92
75	15	10	三峰分布	62
100	0	0	单峰分布	50

2. 远场缝端暂堵

因为远场缝端宽度较小(1~2 mm),建议采用中颗粒暂堵剂+细颗粒暂堵剂的复合暂堵方式,即双峰分布模式。因为远场裂缝宽度较小,粗颗粒暂堵剂不仅不会起到架桥作用,反而可能会导致施工失败,所以中颗粒暂堵剂架桥,细颗粒暂堵剂充填于中颗粒暂堵剂之间的缝隙,降低暂堵剂充填带的渗透性,从而形成致密的充填带。通过测量中颗粒和细颗粒不同比例混合的复合暂堵剂的渗透率,研究暂堵剂不同尺寸、不同比例分布下的渗透率降低程度,即封堵效果。复合暂堵剂的比例以中颗粒暂堵剂占35%,细颗粒占65%为最优,实验结果见表6-22。

表6-22　暂堵剂不同尺寸、不同比例分布下的渗透率降低测试结果

降低程度		分布模式	渗透率降低程度/%
中颗粒/%	细颗粒/%		
0	100	单峰分布	73
10	90	双峰分布	76
25	75	双峰分布	93
35	65	双峰分布	95
50	50	双峰分布	92
75	25	双峰分布	62
100	0	单峰分布	50

3. 暂堵剂的降解性能

复合暂堵剂的降解时间可控，可以根据地层温度和降解剂的加量进行调节，降解后不会产生残渣，不会伤害裂缝，可满足压后生产的需求。将一定量复合暂堵剂放入溶解介质搅拌，模拟地层温度（60 ℃、90 ℃、120 ℃）和压裂管汇的剪切状态，每隔 30 min 过滤、烘干、称量、最终得到不同地层温度下复合暂堵剂的降解率，实验结果如图 6－62 所示。

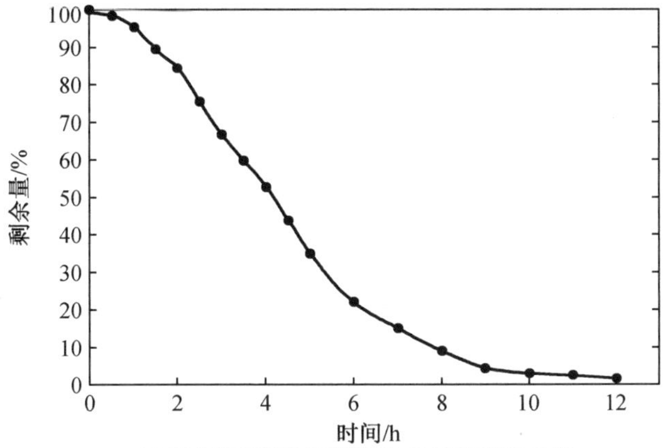

(a)复合暂堵剂地层温度60 ℃时的降解曲线

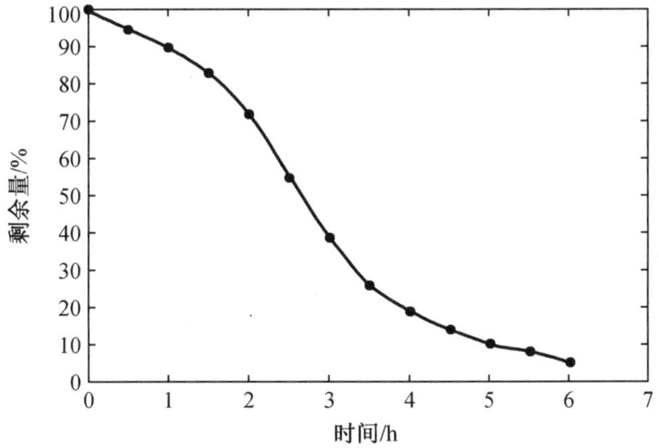

(b)复合暂堵剂地层温度90 ℃时的降解曲线

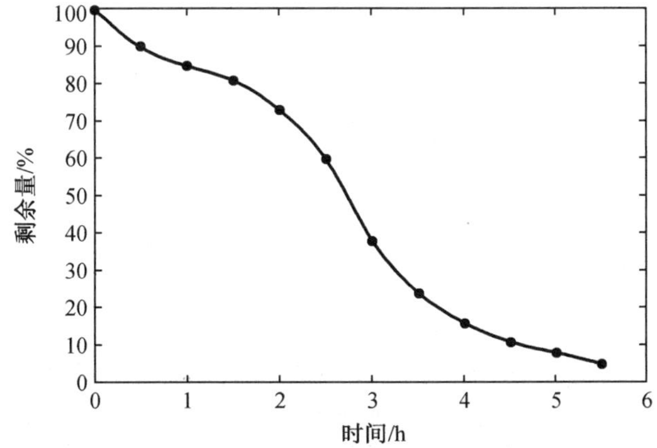

(c)复合暂堵剂地层温度120 ℃时的降解曲线

图6－62 复合暂堵剂在不同地层温度下的溶解曲线

由图 6－62 可知，复合暂堵剂在不同地层温度下都能完全降解，且随地层温度升高，完全降解时间逐渐缩短。

6.4.4 现场应用

XX 井是东北某油田的一口老井，2008 年实施常规重复压裂后效果不明显，2015 年实施复合暂堵重复压裂施工。该井压裂层段 2 093.4～2 105.8 m，射孔厚度 9.6 m/3 层，跨度 12.4 m；目的层有效孔隙度 13%，有效渗透率 5 mD，温度 102 ℃。为了能够充分压开储层，提高裂缝与基质接触面积，采用复合暂堵压裂施工，第一次压裂施工后，停泵待裂缝闭合，裂缝闭合后，起泵，投入复合暂堵剂（其中，中颗粒暂堵剂 80 kg，细颗粒暂堵剂 70 kg）。在排量不变的情况下，井口施工压力由 19 MPa 升高到 26 MPa，压力升高 7 MPa，暂堵剂封堵效果显著，施工曲线如图 6－63 所示。

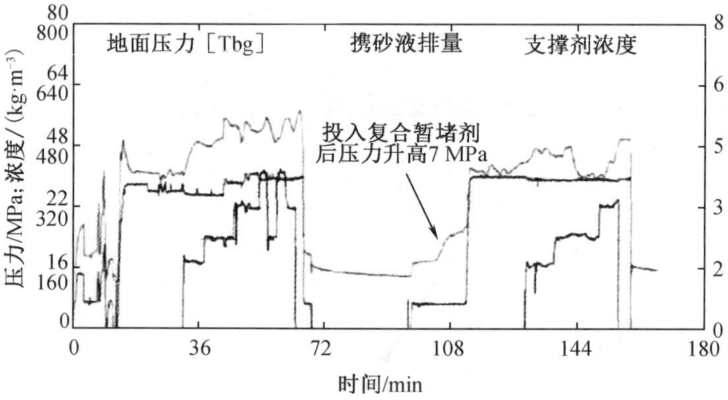

图 6－63　XX 井复合暂堵压裂施工曲线

该井压前日产油 0.39 t，含水 2.05%；11 月 4 日压裂，11 月 11 日开抽。截至 11 月 23 日，平均日产液 10.74 t、日产油 7.01 t，含水 29.5%，增产效果显著，压后生产曲线如图 6－64所示。应用效果表明，复合暂堵剂有效封堵了部分射孔孔眼或裂缝缝口，提高排量，进而压开了新的裂缝，提高了储层纵向压开程度，增大了储层改造体积，提高了单井产量。

6.4.5 技术研究结论

（1）该类型暂堵剂耐温 40～150 ℃，耐压差 40 MPa，降解时间可以根据地层温度和降解剂加量进行调节。

（2）近井缝口暂堵，建议采用粗颗粒暂堵剂＋中颗粒暂堵剂＋细颗粒暂堵剂的复合暂堵方式；远场缝端暂堵，建议采用中颗粒暂堵剂＋细颗粒暂堵剂的复合暂堵方式。

（3）近井缝口暂堵，一般粗、中、细颗粒暂堵剂的比例以 40%∶25%∶35% 最优；远场缝端暂堵，一般中、细颗粒暂堵剂的比例以 35%∶65% 最优。

(4)现场应用表明,该复合暂堵方式能够实现射孔孔眼或裂缝缝口暂堵,实现液体转向,压开新的裂缝,提高储层纵向动用程度,增加储层改造体积,提高单井产量。该复合暂堵工艺可以给暂堵转向压裂施工设计者或水平井重复压裂施工设计者提供借鉴和参考。

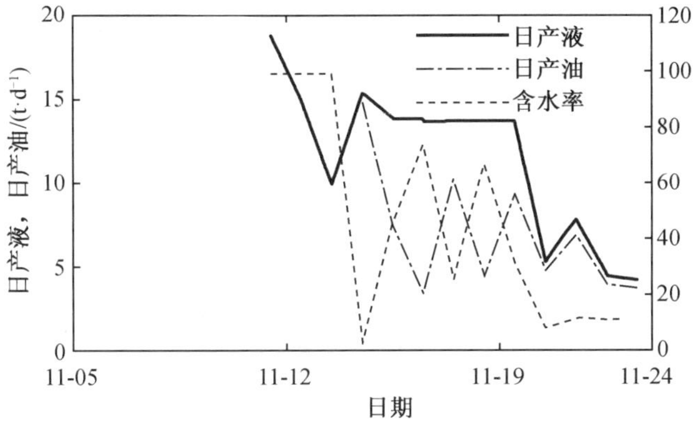

图6-64 XX井压后生产曲线

6.5 暂堵技术在油田上的应用

6.5.1 暂堵压裂造多缝工艺技术在姬塬油田的研究与应用

姬塬油田属低渗储层,随着开发时间的延长、采出程度的增大、剖面矛盾的加剧,油藏含水上升速度加快,低产低效井和高含水井已是制约姬塬油田剩余油挖潜的主要因素。近年来姬塬油田通过酸化、水力压裂、补孔改层等重复改造措施,恢复油井产能,其中常规水力压裂改造工艺占比最大。常规水力压裂改造措施含水上升风险大,不能有效控制缝长、造多缝,因此不能有效挖潜剩余油。本节,首先从裂缝转向机理及姬塬油田油藏地应力适应性分析出发,得出可实现裂缝转向形成复杂缝网的方法;其次分析姬塬油田暂堵工艺不同模式的适应性及裂缝扩展特征;最后现场试验表明暂堵压裂重复造多缝技术能有效抑制含水的上升,提高单井产能,对姬塬油田剩余油有效的开采具有重大意义。

姬塬油田于1968年开始投入勘探,共计开发14个层系,48个地质区块,以三叠系长8、长6、长4+5等油藏为主。近年来,为改善油藏开发效果,油田通过优化措施结构,优化措施工艺,有序推进新技术试验,形成姬塬油田措施工艺技术体系,其中,水力压裂改造占比最大。

常规水力压裂改造存在三方面问题:①常规压裂技术裂缝沿着老裂缝延伸,在老裂缝采出程度较高情况下,常规压裂改造含水上升风险大,达不到理想的压裂效果。姬塬油田近几年常规压裂日增油效果基本相当,但含水整体上升较大,相比措施前含水上升大于10%;②储层自身物性差,常规改造工艺适应性差,部分井处于油藏边部及低产区,长期低产,自身储层特性使得重复压裂改造不能有效挖潜剩余油;③同时大砂量体积压裂、大斜度井改造过程中易出现压穿现象。

1. 裂缝转向机理分析及裂缝扩展模拟试验

(1)裂缝转向机理分析

当重复压裂井中的诱导应力差足以改变地层中的初始应力差时,则在井筒和初次人工裂缝周围的椭圆形区域内发生应力重定向:初始最小水平应力方向可能转变为目前最大水平应力方向,而初始最大水平应力方向则变为目前最小水平应力方向。根据弹性力学理论和岩石破裂准则,裂缝总是沿着垂直于最小水平主应力方向起裂,那么重复压裂就可以产生一条垂直于初次人工裂缝的新缝。根据最小主应力原理,要产生一条与初次人工裂缝垂直的新裂缝,那么重复压裂前时间和空间上(x,y,t)的应力变化为

$$\sigma_H(T_x,y,t)=\sigma(H_x,y,t)+\Delta\sigma_H(f_x,y,t)+\Delta\sigma_H(P_x,y,t) \tag{6-4}$$

$$\sigma_h(T_x,y,t)=\sigma(h_x,y,t)+\Delta\sigma_h(f_x,y,t)+\Delta\sigma_h(p_x,y,t) \tag{6-5}$$

式中:σ_H为初始水平最大应力方向上(x 轴方向)的应力;σ_h为初始水平最小应力方向上(y 轴方向)的应力;$\Delta\sigma_{Hf}$为人工裂缝或注采引起的 x 方向上的应力;$\Delta\sigma_h$为人工裂缝或注采引起的 y 方向应力。要产生新裂缝条件为

$$\sigma_H(T_x,y,t)\leqslant\sigma_h(T_x,y,t) \tag{6-6}$$

(2)裂缝扩展模拟试验

通过开展高-低应力区裂缝扩展模拟试验,得出裂缝向高应力区延伸的力学条件:应力差小于3 MPa时,可以通过变排量的方法提高缝内净压力至3 MPa;应力差大于3 MPa时,需结合暂堵技术,提升缝内净压力至5 MPa。因此,提升施工排量和采用暂堵方法可实现裂缝转向,形成复杂缝网(图6-65、图6-66)。通过对不同油藏取岩心室内试验研究,姬塬油田三叠系油藏水平地应力差为3~7 MPa,因此需要采用暂堵方法实现裂缝转向;同时低渗透储层上下泥岩层遮挡条件较好,水力压裂所形成的裂缝基本被控制在储层范围内,储层条件为径向缝网的实现提供有利的支撑(表6-23和表6-24)。

表6-23 姬塬油田近3年油井常规压裂改造效果统计表

年份	井数/口	措施前			措施后(12月31日)			效天数/d	日增油/t	累增油/t
		日产液/m^3	日产油/t	含水/%	日产液/m^3	日产油/t	含水/%			
2016	378	1.3	0.7	34	3.5	1.5	48	172	0.87	85 893
2017	249	1.3	0.6	47	4.1	1.3	58	188	0.81	53 879
2018	86	1.5	0.7	45	4.3	1.4	59	157	0.84	31 969

表6-24 姬塬油田各油藏水平应力实际测试值(取平均值)

区块	测试井数/口	水平主应力/MPa		
		最大	最小	差值
长4+5	11	37.8	30.74	7.06
长6	11	34.4	28.5	5.9
长8	15	39.0	35.9	3.1

图6-65 裂缝延伸物模拟试验结果1

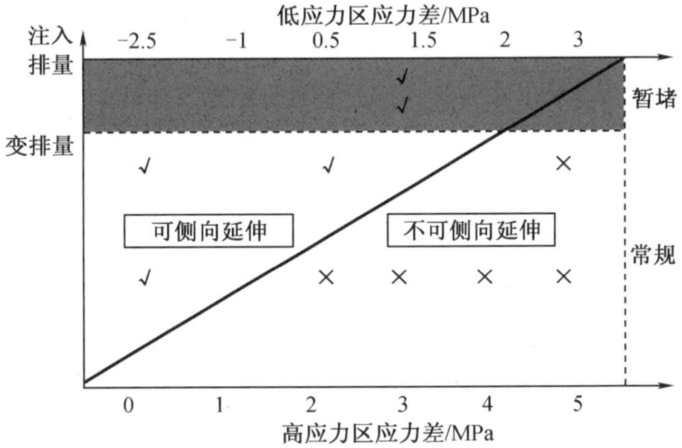

图6-66 裂缝延伸物模拟试验结果2

2. 姬塬油田暂堵工艺模式及裂缝扩展特征

(1)缝口暂堵造多缝工艺

在井眼($x=0,y=0$)处诱发应力场特征,决定了重复压裂是否在井眼处产生新的裂缝:

$$\sigma(H_0,0,t)=\Delta\sigma_{H}(f_0,0,t)+\Delta\sigma_{H}(P_0,0,t) \quad (6-7)$$

$$\sigma(h_0,0,t)=\Delta\sigma_{h}(f_0,0,t)+\Delta\sigma_{h}(p_0,0,t) \quad (6-8)$$

在井眼处(缝口暂堵)产生裂缝的条件为

$$\sigma(H_0,0)+\Delta\sigma_{H}(T_0,0,t)\leqslant\sigma(h_0,0)+\Delta\sigma_{h}(T_0,0,t) \quad (6-9)$$

针对纵向改造强度小、裂缝主向剩余油不富集、侧向剩余油富集的高含水井,在前置液中加入转向剂，在缝口形成稳定桥堵（图 6－67），迫使在非最大主应力方位启裂新缝并延伸，在姬塬油田单砂体、隔夹层遮挡条件差且常规压裂风险较高长 4＋5、长 6 油藏有极好的适应性。

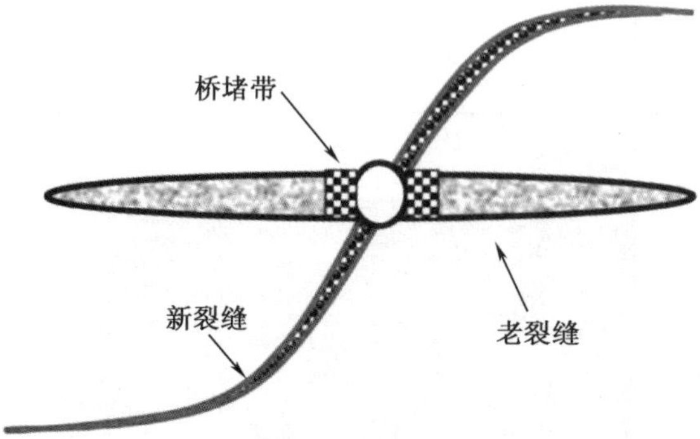

图 6－67　缝口暂堵裂缝扩展图

（2）缝内暂堵造多缝工艺

初次裂缝缝宽方向，即裂缝面 $x=0$ 上的应力变化，在井眼处没有发生应力重定向时，决定着重复压裂产生新的裂缝的延伸及新裂缝重新转向的位置：

$$\sigma(H_0,y,t)=\Delta\sigma_H(f_0,y,t)+\Delta\sigma_H(P_0,y,t) \tag{6-10}$$

$$\sigma(h_0,y,t)=\Delta\sigma_h(f_0,y,t)+\Delta\sigma_h(p_0,y,t) \tag{6-11}$$

则裂缝内某点$(0,y)$处（缝内暂堵）产生新裂缝的应力条件为

$$\sigma_{Hmax}(0,0,y)+\Delta\sigma_{Hmax}(0,y,t)\leqslant\sigma_{hmin}(0,0,y)+\Delta\sigma_{hmin}(0,y,t) \tag{6-12}$$

为了防止主向井水线突进、多次压裂改造裂缝过度延升，在原裂缝压开后投加转向剂，裂缝内部产生桥堵（图 6－68），隔层遮挡条件较好时，则会形成新的裂缝；隔层遮挡条件较差时，则会迫使裂缝在高度上的延伸，有利于提高储层纵向改造程度。通过前期对压裂井的分析，其转向时机都设计在 60% 以上，也就是在整个泵注程序 2/3 的阶段，压后整体含水升高，分析认为，主向井转向时机靠后，使原有主裂缝过度延伸，加速水线突进，造成水升高。因此后期优化转向时机应控制在 50% 以内，避免水淹。

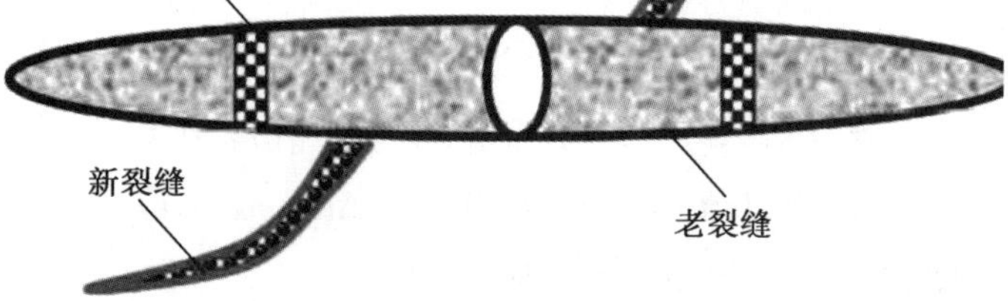

图 6－68　缝内暂堵裂缝扩展图

(3)三级暂堵造多缝工艺

三级暂堵造多缝工艺是指结合缝口和缝内暂堵工艺,即在井眼($x=0,y=0$)处产生新的裂缝,裂缝延伸后在某两点($0,y_1$)、($0,y_2$)处产生新裂缝的技术(图6-69)。针对采出程度低、剩余油富集、主向井水线突进井或长期低产低效井,结合缝口、缝内暂堵优势,在缝口形成新裂缝后再次实施两级暂堵,控缝长、增缝宽,形成复杂缝网,达到控水增油的目的。

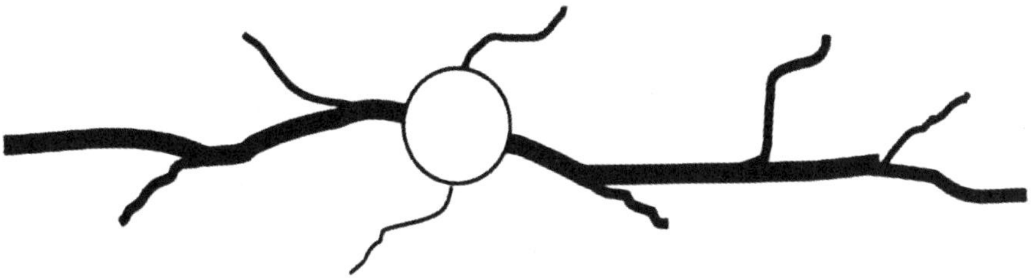

图6-69 三级暂堵裂缝扩展图

(4)宽带压裂工艺

该技术是在前置液阶段加入暂堵剂,在老缝端部形成应力遮挡;施工初期,滑溜水、高排量开启侧向裂缝,采用小粒径(40/70)支撑剂充填小尺度裂缝;施工中期,多级暂堵,提升缝内净压力,增加裂缝复杂程度;施工后期,采用高黏液体及20/40目支撑剂,建立主缝高导流带。通过工艺优化和关键材料的配套,控制裂缝带长,增加裂缝带宽,实现重构应力场、重构压力场、重构渗流场的目标,挖潜侧向剩余油,改善油藏开发效果(图6-70)。试验表明,砂量设计在50~70 m^3,暂堵剂级数为3~5级,在采出程度低、剩余油富集的罗1、黄3长8低渗透油藏效果好。2019年在罗1长8、黄3长8开展宽带压裂试验19口,初期单井日增油2.2 t,目前单井累增油125 t。

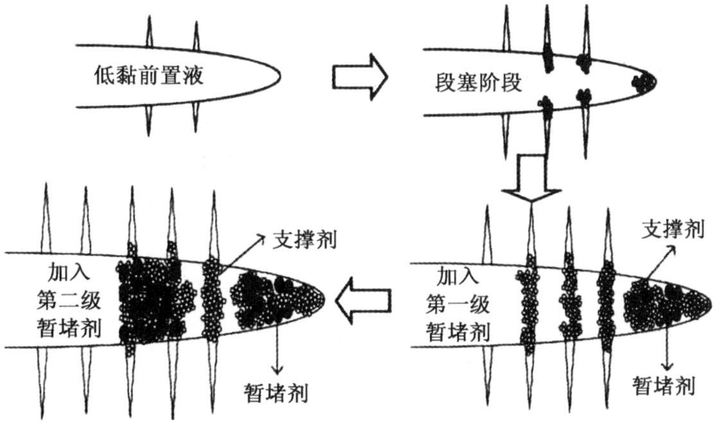

图6-70 宽带压裂裂缝扩展图

3. 实施效果

(1)整体实施效果

2019年,姬塬油田总计实施暂堵压裂78口,单井日增油0.53 t,措施后含水上升

10.1%，基本平稳，与常规措施效果比增油效果相当，但含水下降了 9.5%，整体控水增油效果好（表 6－25）。从暂堵工艺来看，三级暂堵、宽带压裂通过裂缝多次转向，形成复杂缝网，措施增油效果明显；缝口暂堵在常规压裂风险较高的长 4＋5、长 6 油藏控水效果较好；缝内暂堵效果较差（表 6－26）。

表 6－25　2019 年采油五厂油井暂堵压裂效果统计表

序号	油藏	实施井数/口	主要区块	措施前				措施后				有效天数/d	单井日增油/t	单井累增油/t
				日产液/m^3	日产油/t	含水/%	动液面/m	日产液/m^3	日产油/t	含水/%	动液面/m			
1	长 2	2	耿 155	2.3	1.1	46.3	1 603	4.9	1.3	69.6	895	143.0	0.36	149.2
2	长 4＋5	24	耿 117、耿 143 等	1.6	0.6	58.3	1 815	3.1	1.1	60.4	1 716	118.4	0.61	128.6
3	长 6	7	黄 3 长 6、黄 116 等	2.1	0.6	66.2	1 898	4.1	0.7	79.2	1 665	96.0	0.27	52.0
4	长 8	45	罗 1、黄 57 等	1.9	0.8	52.8	1 931	3.7	1.4	54.9	1 825	107.1	0.86	116.8

表 6－26　采油五厂油井暂堵压裂分工效果统计表

序号	油藏	实施井数/口	主要区块	措施前				措施后				有效天数/d	单井日增油/t	单井累增油/t
				日产液/m^3	日产油/t	含水/%	动液面/m	日产液/m^3	日产油/t	含水/%	动液面/m			
1	缝内暂堵	20	罗 1、耿 177 等	2.4	0.6	64.2	1 808	3.1	0.8	71.9	1 806	92	0.4	79
2	缝口暂堵	31	耿 60、耿 177 等	2.0	0.7	61.1	1 873	3.8	1.2	63.4	1 675	121	0.6	110
3	三级暂堵	8	黄 57、长 8	1.6	0.6	56.3	1 928	3.6	1.8	41.9	1 766	173	1.3	202
4	宽带压裂	19	罗 1、黄 3 长 8	1.1	0.7	20.8	1 936	3.3	1.8	34.0	1 822	85	1.1	125

（2）转向压力分析

暂堵升压幅度大于两向应力差值（低渗为 3.0～7.0 MPa）时，裂缝即可实现转向，长 4＋5、长 8 暂堵升压与增油效果关系如图 6－71、图 6－72 所示。从图中可以看出增油与暂堵升压呈正相关关系；现场施工水平地应力差可作为依据，在不超过井口、套管限压值情况下，尽可能增加暂堵剂数量，增大转向压力，确保裂缝转向，形成复杂缝。

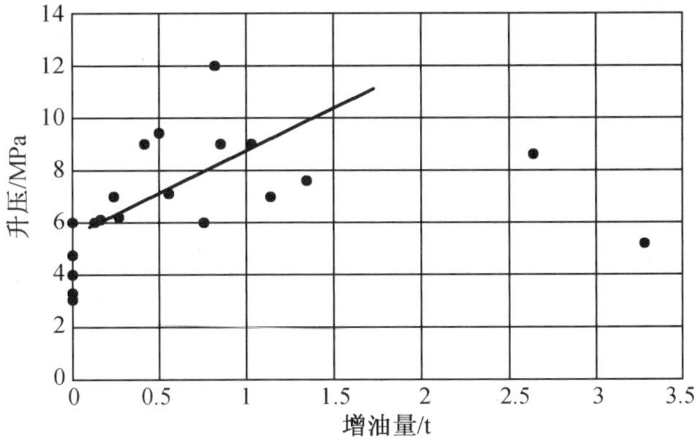

图6－71　长4＋5暂堵升压与增油效果之间关系图

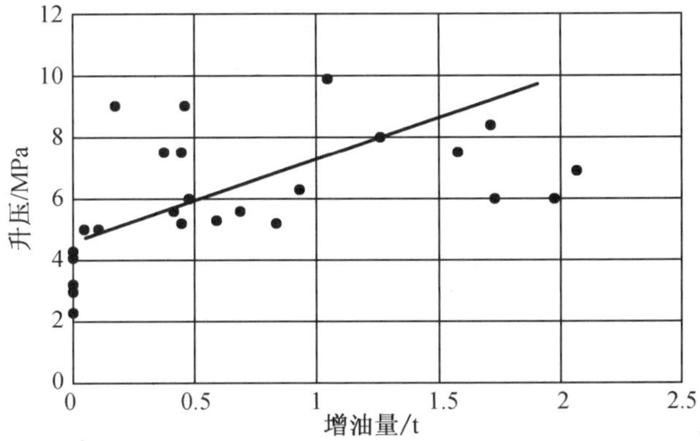

图6－72　长8暂堵升压与增油效果之间关系图

(3)暂堵剂投加量分析

暂堵剂投加量与增油效果对比图如图6－73所示,暂堵剂投加越多,越易发生转向,增油效果好;同时可以看出增油效果与暂堵剂投加时机和裂缝压力有密切关系,暂堵剂投加量满足裂缝转向条件即可;不排除部分井因裂缝闭合进行改造时,裂缝未转向但增油效果依然可观。

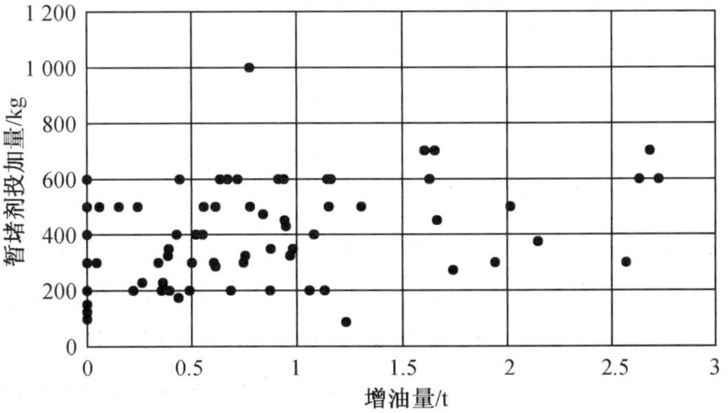

图6－73　暂堵剂投加量与增油效果对比图

4. 结论

(1)随着注水开发年限的增长，常规压裂效果逐渐变差，近几年在姬塬油田实施暂堵压裂造多缝工艺技术整体效果较好，控水增油效果优于常规压裂，形成较为成熟的工艺体系。

(2)对于垂直裂缝井，在一定的时间范围内，诱导应力足以改变初始水平应力差，导致应力重定向，可以通过压裂施工曲线判断是否形成新裂缝(升压幅度 3 MPa ~ 7 MPa)，在满足井筒限压的条件下增加暂堵剂，增大转向压力，确保裂缝转向动用侧向剩余油。

(3)在姬塬油田，采出程度低、剩余油富集、注水见效油井，可采用三级暂堵压裂，形成复杂缝网，有效挖潜剩余油；采出程度低、剩余油富集、注水不见效、常规压裂效果差油井，采用宽带压裂，疏通老缝、复杂缝网，有效挖潜剩余油；纵向改造强度小，采出程度低、中高含水井可采用缝口暂堵，能有效挖潜剩余油。

6.5.2 修井作业过程中保护储层的暂堵技术

在储层裂缝发育的油气井修井作业中，为了阻止工作液进入裂缝，避免裂缝被堵塞，实现储层保护，基于修井作业中裂缝性储层损害机理研究成果和利用特种材料在裂缝端部形成暂堵的思路，研制出了一种新型裂缝暂堵剂。该暂堵剂在室内性能测试中能够对缝宽为 1 ~ 2 mm 的人造裂缝形成暂堵，暂堵材料在裂缝端部形成堆积而很少进入裂缝内部，容易解堵。现场应用结果表明，该暂堵剂能够承受 30 MPa 的正压差和 140 ℃ 的地层温度，暂堵形成后能够大幅度减少工作液进入储层，不仅实现了对储层的保护，还能够依靠负压顺利解堵，作业后气井产能基本保持了作业前的水平。这说明在修井作业中采用暂堵技术保护裂缝性储层是可行的。

一些裂缝性油藏在作业后，产量却并不像预测的那么高，甚至产量严重下降，这是因为，在作业过程中油层被工作液污染，裂缝被严重堵塞，流动阻力增大造成的。对此，目前常用的对策是减少工作液中的固相含量，避免近井壁地带的封堵。然而，工作液中的液相进入储层裂缝同样会造成污染，目前采用的近井壁封堵材料多为水泥浆型、凝胶型或屏蔽暂堵型，这些材料在应用中普遍存在耐高温、高压性能不好，工艺复杂，易引起其他损害等缺陷。相关研究表明，裂缝性储层的损害因素主要有固相颗粒及微粒、黏土矿物、岩石的水敏及速敏等。张振华等人对四川石炭系碳酸盐岩储层的完井模拟试验发现，工作液对储层的损害主要是滤液侵入和固相颗粒堵塞，其中固相颗粒和滤饼是造成裂缝性储层损害的主要因素，水锁和滤膜是造成孔隙型储层损害的主要因素。实钻条件下，固相颗粒、微粒与钻井工作液中各种组分的泥饼、滤饼及泥膜，是裂缝孔隙型碳酸盐储层的主要伤害因素。泥饼以嵌入井壁部分孔、洞、缝的形式附着在井壁上，滤饼则以侵入裂缝方式深入裂缝。扫描电镜能谱分析表明，泥膜普遍存在于碳酸盐岩储层的孔隙、喉道和裂缝壁，是裂缝孔隙型碳酸盐岩储层最普遍、最重要的损害因素之一。研究表明，造成损害的原因一是钻井液滤液进入地层增大了水膜厚度，二是钻井液颗粒侵入储层堵塞了渗流通道。笔者认为，裂缝性储层在修井过程中存在的损害因素主要有固相侵入损害、液相侵入损害、敏感性损害、无机垢损害和水相圈闭损害。因此，需要研究一种既能阻止或减少固相、液相进入储层裂缝，又能在高温、高压条件下正常工作，工艺简单且不易引起其他损害的技术来保护裂缝性储层。

1. 暂堵机理

在工作液中加入与储层漏失通道匹配的固相粒子和纤维结网剂，利用纤维材料的团絮状结网架桥，使固相颗粒在一定的正压差下在裂缝端面形成有效的暂堵，并在数秒至数十秒内形成具有一定承压能力、渗透率极低的暂堵层，防止储层漏失的发生。工作液中加入软性粒子，能够进一步封堵细小的孔隙和微裂缝。图6－74为裂缝端面的暂堵模型。从图可以看出，固相颗粒和纤维在裂缝端面形成架桥和封堵，软性粒子进一步填充微小间隙，材料仅在裂缝端面形成暂堵，不进入裂缝深部。

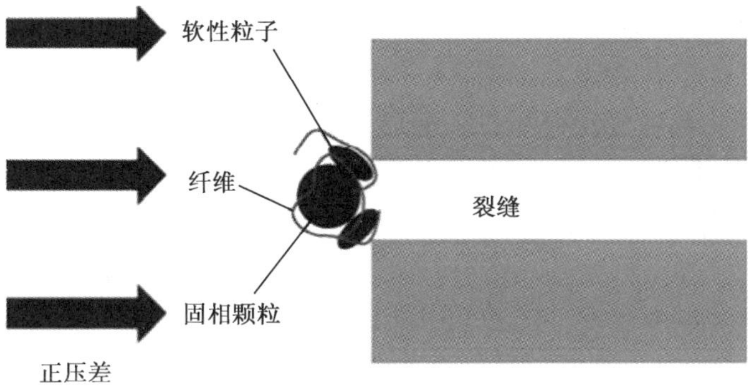

图6－74 裂缝端面的暂堵模型

2. 性能特点

(1)高温稳定性

在140 ℃温度下进行流动性试验，结果表明，试验前后各材料无明显性状变化。配置好的暂堵材料在130～140 ℃下保温存放，10 d后测定其黏度，用黏度的降低值评价其液体的稳定性，试验测得暂堵剂的黏度降低值小于或等于40%，说明材料具有较好的高温稳定性。

(2)高压稳定性

在试验室内测试暂堵剂所形成的暂堵层，试验时间不少于2 h，能够承受5 MPa正压差。

(3)阳离子稳定性

由于软性粒子有机高分子材料束缚水的能力会受到二价阳离子的影响，如果二价阳离子的浓度超过一定范围就会大大降低材料束缚水的能力；在同等条件下，就使得价格昂贵的固化剂加量大幅度增加，从经济性上就失去了使用的可能。因此，该暂堵剂不能采用含有过高浓度二价阳离子的液体配液。

(4)与地层水的配伍性

由于固相颗粒和纤维材料不与地层水反应产生沉淀、分层和絮凝，所以配伍性试验只测试软性粒子和地层水的配伍性。试验采用的地层水为$CaCl_2$型，呈浅黄色，有臭味，不透明，有少量黄色沉淀；pH值为7.06，密度为1.048 kg/L，在地层水中混入等量的软性粒子，观察混合液有无沉淀、分层和絮凝。从试验现象来看，材料和地层水混合后没有沉淀、分层和絮凝，说明与地层水的配伍性良好；但是混合液的黏度有所下降，这是由于混合液中增加了水，同时地层水中的二价阳离子对材料束缚水的能力有所影响所致。近年来，各油田在修井作业中，在压井液中加入了裂缝性暂堵剂。裂缝性暂堵剂配液比较简单，现场需要带搅拌器的配液罐即可。为了保证暂堵剂的有效性，一般采用淡水配液。修井作业一般采用挤压井和循环压井。裂缝性暂堵剂的用量都小于 10 m^3。将暂堵剂替至压裂层段上部后，关井并用小排量将暂堵剂替至压裂层段，当泵压急剧增高后，停泵观察 1 ~ 2 h，待暂堵层形成后，开井口观察。如果不漏失或漏失速率小于 0.5 m^3/h，则可进行下步作业。由此可见，该暂堵剂的施工配液和注入工艺简单，易操作。

6.5.3 新型油井暂堵洗井技术研究及应用

在洗井的过程中易造成洗井液进入地层，污染地层且不能达到很好的洗井效果，洗井后恢复期长。针对此问题，曾先后采用液体暂堵剂、泡沫剂、暂堵球等工艺技术来确保油井洗井正常进行，但都不能达到很好的效果。2008 年，在分析上述技术存在不足的基础上，科研工作者开发研制了新型单向暂堵洗井技术，经室内性能测试，新型暂堵剂具有良好的造壁性能，封堵率和恢复率都在 95% 以上，能够满足不同油井洗井的需要，且不造成油层污染。

濮城油田的油井在生产过程中，由于地层砂岩的胶结强度遭到破坏，因此井筒结蜡、结盐，砂埋地层、卡泵、油井停产现象时有发生，油井洗井冲砂、除盐、除蜡是油田生产的重要环节之一。随着油田开发时间的延长，地层压力不断下降、地层亏空严重，大部分油井负压生产，洗井时洗井液只进不出，大量的洗井液漏失到地层中，很难建立起洗井循环，洗井无法正常进行，严重困扰了油田正常生产。另外，由于大量洗井液进入地层，造成油层污染、孔隙堵塞，致使油井产量下降，产能恢复时间长。2007 年，濮城油田作业洗井、生产洗井 210 井次，共使用洗井液 7 350 m，漏失地层液量达 4 263 m，漏失率为 58%，洗井恢复期为 9.8 d，洗井后正常生产油量下降 63 t，平均单井下降 0.3 t，洗井漏失污染油层已成为严重影响油田正常生产的一大问题。为了油井洗井工作顺利进行，濮城油田曾采用液体暂堵剂、泡沫剂、暂堵球等工艺技术，但都不能达到理想的效果。新型油井暂堵洗井技术就是针对上述技术存在的缺陷而研制开发出的一种新技术。与常规暂堵技术相比，该技术具有暂堵成功率高，对油层无伤害，现场使用方便、时间短、费用低、可提高洗井效率等特点，特别适用于长井段、多层漏失层连续冲砂洗井。

1. 新型单向暂堵洗井技术机理

新型单向暂堵剂主要由高分子聚合物、油溶性树脂、防塌剂及降滤失剂等组成，在一定条件下经过化学反应形成一种弹性大，遇水不溶，在外力作用下变形，撤去外力后可恢复原状的新型暂堵剂。该剂对负压和漏失严重的地层有很好的单向封堵作用，主要用于洗井过程中的暂堵、防止漏失。

新型单向暂堵洗井技术是将新型单向暂堵剂通过井口泵入油井中，完成暂堵洗井任务。暂堵剂在井筒内遇水膨胀，在漏失层形成较高强度的人工充填屏蔽层，使油井恢复正常洗井。在负压油井洗井过程中,新型单向暂堵剂泵入油层后,其颗粒产生阻力效应,对漏失层形成较高强度的人工屏蔽遮挡层,当洗井液泵满井筒,迅速起压,建立起洗井循环,从而消除或减少油井漏失问题,开抽后自行解除堵塞,从而缩短排水期,达到油层保护的目的。

2. 新型单向暂堵剂的性能特点

(1)新型单向暂堵剂具有很好的造壁性能

用已知质量的称量瓶准确称量1 g样品倒入耐温玻璃瓶中,再向玻璃瓶中加入水,放置在90 ℃的恒温箱中,放置10 min后,取出,经过一系列处理后称量样品的质量 m,吸水倍数 $P = m/1$,重复上面操作,每隔10 min做一次,做出新至暂堵剂吸水倍数与吸水时间关系图,见图6-75。

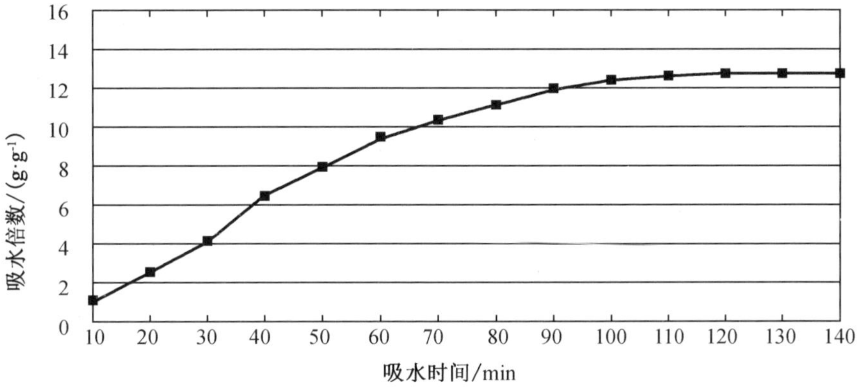

图6-75　新型暂堵剂吸水倍数与吸水时间关系图

重复上面的实验,测每个时间点暂堵剂吸水后的强度,做新型暂堵剂强度与吸水时间的关系图,结果见图6-76。

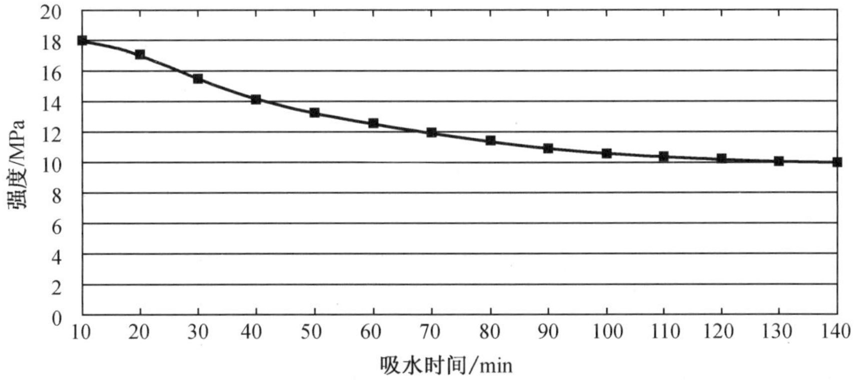

图6-76　新型暂堵剂强度与吸水时间关系图

从图6-75与图6-76得知,随着暂堵剂吸水时间的增加,吸水倍数逐渐增大,最后大约在 2 h 时吸水倍数数大，说明暂堵剂膨胀到了最大程度；另一方面随着暂堵剂体积增大，其强度逐渐减小，体积最大时强度减小到最小，大约为 10 MPa。濮城油田油井洗井压力一般都在 8 MPa 以下，说明新型暂堵剂能在较短的时间内封堵目的层，且强度能够满足洗井时的需要，即造壁性能很好。

(2)具有很好的暂堵率和恢复率

用智能型岩心流动性实验测试仪和 25 mm × 30 mm 的岩心做实验。暂堵剂质量:水质量 =1:1.5。实验过程中测出使用暂堵剂溶液前后岩壁的渗透率分别为 K_{W1}、K_{W2}，计算暂堵率为

$$D=\frac{K_{W1}-K_{W2}}{K_{W2}}\times 100 \tag{6-13}$$

用煤油测岩心使用前后的油相渗透率 K_{01}、K_{02}，计算恢复率为

$$H=\frac{K_{02}}{K_{01}}\times 100 \tag{6-14}$$

实验测得 $D=97.1\%$，$H=96.5\%$

室内实验表明，新型单向暂堵剂的封堵率和恢复率很高，可以满足任何地层条件的需要。

(3)解除封堵后，脱落的固体颗粒易被带出

新型暂堵剂无黏结性，经水化作用后密度逐渐趋于 1.0 g/cm，易被流动的液体携带出井筒，有利于油层保护。

(4)与常规暂堵洗井技术比较

通过两种技术性能指标比较来看，新型暂堵剂是吸水膨胀暂堵类型堵剂，其暂堵强度大、恢复性能好；而常规暂堵剂是有机高分子地下交联型暂堵剂，其在地层内易流动并且破胶时间长，因此其暂堵强度低、恢复性时间长且恢复率低。新型暂堵洗井与常规暂堵洗井比较表见表 6-27。

表 6-27　新型暂堵洗井与常规暂堵洗井比较表

指标	常规暂堵洗井	新型暂堵洗井	对比
暂堵最高压力/MPa	3	8	5
封堵率/%	78.5	97.1	18.6
恢复率/%	65.3	96.5	31.2
恢复时间/d	5	3.5	-1.5

3. 施工工艺

暂堵剂溶液为暂堵剂:水 =1:1.5 的质量配制成的溶液。

根据油(气)井资料，计算暂堵剂溶液使用量 V 为

$$V=\frac{\pi d\times d(h+50)}{4} \tag{6-15}$$

式中 V——暂堵剂溶液用量,m;

d——生产套管内径,m;

h——人工井底至射开层顶部的高度,m。

施工步骤:

(1)做施工准备,罐车2辆、配液池1个、400型水泥车1辆、洗井液;

(2)连管线,将水泥车出口连到套管闸门上;

(3)停井,将抽油机停到下死点,关闭生产闸门;

(4)注入暂堵剂;

(5)注入洗井液,根据计算待暂堵液进入地层后,打开生产闸门,启动抽油机;

(6)洗井循环一周后完成洗井。

4. 应用情况及效果分析

2008年,濮城油田实施洗井15井次,洗井前平均日产液19.4 t,产油1.5 t,含水92.2%,洗井后正常生产平均日产液20.6 t,产油2.3 t,含水89.2%,日产液增加1.2 t,产油增加0.8 t,含水下降3个百分点。平均恢复周期3.5 d,2007年正常的洗井恢复周期为7.9天,恢复周期明显缩短。

对典型井组进行分析:153-2井严重低能,日产液量仅1.5方,平常不洗井,依靠半个月加一次(500 kg)清蜡剂,一个月加一次(1 t)高效洗井液来维持正常生产。2008年1月28日实施暂堵洗井工艺,注入1%暂堵液2.5方,注入洗井液18方后泵压由0提高到7 MPa,水泥车排量3挡(16方/小时),井口返液,继续加洗井液12方,洗井压力下降并稳定到5 MPa,累计用洗井液30方。该井开井后液量和含水率均上升,但产油量大幅提高,洗井前日产液1.5 t,产油1.4 t,含水率为6.7%,洗井后日产液4 t,产油3 t,含水率25%。产量提高一倍。该井实施暂堵洗井很成功,仅用30方洗井液就完成了一个周期循环洗井,排水期3 d,油层没有被污染,且产油量大幅提高。

5. 应用结论

(1)新型暂堵剂通过室内评价具有分散性好,加温软化快,吸水膨胀后强度增加,对漏失亏空地层封堵率高,解除暂堵恢复渗透率好,具有独特的暂堵洗井性能,在性能上优于常规暂堵洗井技术;能避免洗井液对地层的污染,经济效益高。

(2)新型油井暂堵洗井技术通过在濮城油田现场应用表明:该技术可以广泛应用在负压生产油井作业过程中冲砂、生产洗井,能减少洗井液用量,缩短洗井恢复周期,避免洗井液进入地层进而污染油层,对濮城油田负压井维护正常生产具有良好的推广应用前景。

(3)同时,通过实验证明新型暂堵剂在水层滞留时间长,渗透率恢复慢,在油层滞留时间短,渗透率恢复快,对高液量、高含水井具有控水增油的作用。从已应用的15口井来看平均增油0.7 t,确实可以提高产油层生产压差,达到降水增油的目的。

(4)该技术针对不同油层物性的油井优化适合粒径、不同强度的暂堵剂方面还需进一步研究。

6.5.4 深层油气藏暂堵转向高效改造增产技术及应用

针对深层油气藏埋藏深、高温高压、低孔低渗、非均质性强等特点，本书提出了采用暂堵分层分段与转向的改造工艺可提高储集层动用程度，实现高效改造，研发了耐高温、高强度、可降解纳米酯类系列暂堵材料，开展模拟实验验证改造方法的可行性并对暂堵材料进行性能评价，最终形成了基于化学方法的暂堵转向高效改造增产技术，解决了高温高压深层油气藏机械工具分层分段改造风险大、施工成本高的问题。该技术已在中国 10 个深层油气田规模应用211 井次，平均单井增产是常规技术的 3.5 倍。该技术的应用提高了储集层动用程度与改造效果，同时降低了施工难度和改造风险，大幅削减了分层分段改造施工成本。

近年来中国石油天然气勘探开发逐渐向深层油气藏发展。深层油气资源丰富，其资源量达到 325×10^8 t 油当量，深层剩余油气资源量占总剩余油气资源量的48%，已经成为油气增储上产的重要领域。中国深层油气藏具有埋藏深、高温高压、储集层厚度大、非均质性强等特点，以塔里木盆地某深层气藏为例，钻探的井深平均为 6 800 m(最深井超过 8 000 m)；井底压力系数为 1.53 ~ 1.82，井底压力超过 105 MPa，最高达到 150 MPa；井底温度 150 ~ 170 ℃，最高 191 ℃；储集层厚度可达 300 m，导致建井周期长、成本高。同时储集层基质致密(孔隙度 5% ~ 11%，渗透率 $(0.07\sim1.11)\times10^{-3}$ μm^2)，自然产能低，储集层增产改造难度大。近年来，技术人员进行了大量室内实验及增产改造机理研究，开展了改造新技术工艺现场试验并取得一定进展，但尚未形成深层、超深层油气藏安全经济高效的增产改造技术。深层油气藏增产改造的难点主要表现在以下几个方面：

(1)储集层厚度大，天然裂缝分布不均匀，纵向上非均质性强，导致笼统改造储集层动用程度有限，改造效果较差；

(2)由于储集层高温高压，在深井、超深井中使用机械分段工具进行分层分段改造操作复杂，安全风险大，分层分段易失效，且施工成本高；

(3)现有的暂堵材料与转向改造工艺普遍存在不耐温和暂堵压力低的问题，无法满足高温高压深井、超深井暂堵转向改造需求。

为了提高储集层体积改造效果，解决高温高压深层油气藏机械工具分层分段改造风险大、施工成本高的问题，笔者提出化学暂堵分层分段改造思路，通过实验证明其可行性；研究耐高温、高强度、可降解的系列暂堵材料和暂堵转向分层分段改造工艺方法，最终形成基于化学方法的暂堵转向高效改造增产技术，并分析其现场应用效果。

1. 暂堵转向高效改造增产技术

(1)技术原理

本书提出通过化学暂堵转向方法实现高温、高压深层油气藏高效改造增产的技术思路，即纵向上，暂堵已压开裂缝的进液通道，使长井段上形成更多裂缝，实现暂堵分层分段改造，提高储集层纵向动用程度(图 6 - 77)；平面上，暂堵已压开裂缝，使更多分支裂缝发育，扩大储集层平面改造范围(图 6 - 78)；施工后暂堵材料完全降解，所有裂缝恢复导流能力。该技术通过纵向暂堵分层分段形成多缝,平面暂堵转向形成裂缝网络,以实现深层、超深层油气藏安全经济高效增产改造。

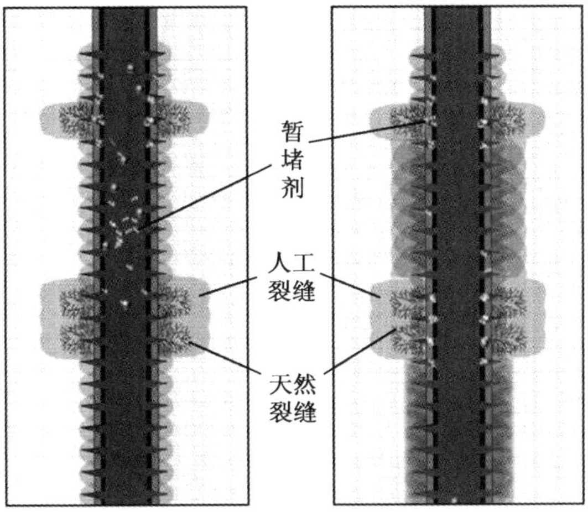

图6-77 纵向暂堵实现分层分段

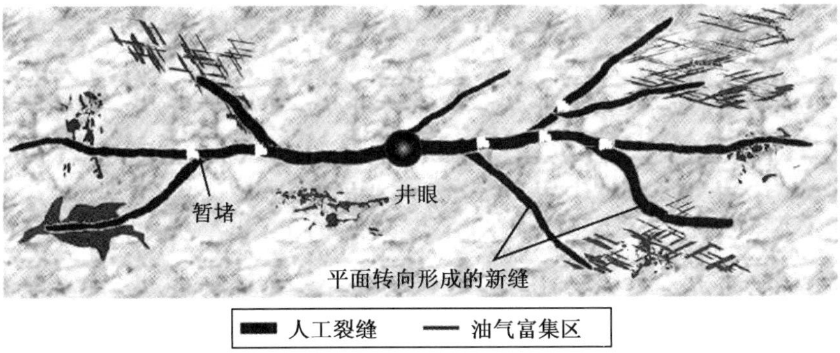

图6-78 平面暂堵转向形成裂缝网络

(2)暂堵分层分段改造模拟实验

为了验证化学暂堵分层分段改造的可行性,本书利用大型真三轴压裂模拟实验装置开展了暂堵压裂物理模拟实验。实验岩样选用塔里木盆地某深层气藏储集层露头岩石,加工成762 mm×762 mm×914 mm岩样。岩样中心打孔并黏结25.4 mm(1 in)钢管模拟套管完井,在钢管不同位置割缝模拟实际井眼中的分段射孔,模型井身结构如图6-79所示。实验时,按照塔里木盆地某深层气藏的走滑断裂机制加载三轴应力,即最大主应力大于垂向应力,垂向应力大于最小主应力。加载应力大小分别为上覆压力10 MPa,最大主应力12 MPa,最小主应力5 MPa。

实验步骤如下:

①注入压裂基液压开第1条裂缝,并使裂缝充分延伸;

②注入混有暂堵剂的交联压裂液,暂堵第1条裂缝,暂堵剂注入完毕后切换管线注入压裂液基液。观察压力反应,如果压力迅速上升则说明暂堵成功,可继续注入压裂液基液

压开第 2 条裂缝；

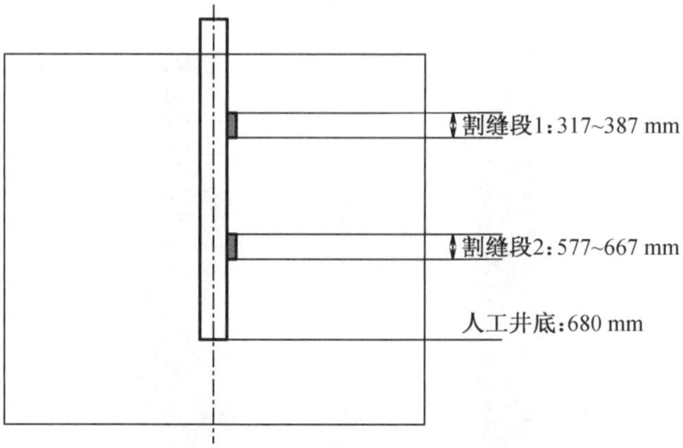

图 6－79　实验模型井身结构图

③如果第 1 次暂堵后无压力上升，重复步骤②，直至暂堵成功；

④整个实验过程采用声波监测技术，实时观察裂缝起裂与扩展规律。实验过程中压力曲线如图 6－80 所示。

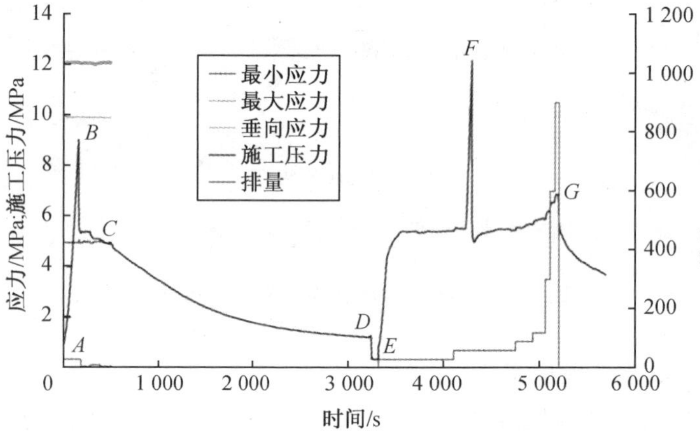

图 6－80　暂堵分层分段改造模拟实验压力曲线

AD 段表示首次压裂过程，*AB* 段为致裂阶段，压力迅速上升至破裂压力（*B* 点），第 1 条裂缝形成后压力迅速下降。*BC* 段以小排量继续注入压裂液使裂缝延伸一段距离。为获取岩样滤失参数及第 1 条裂缝闭合压力，进行了压降测试（*CD* 段）。*DE* 段为暂堵剂注入阶段，*EF* 段为暂堵形成后第 2 次压裂阶段，从中可以明显看出，暂堵剂注入完毕后切换至压裂液基液注入时，压力迅速上升，表明暂堵成功，同时压开了第 2 条裂缝。*FG* 段为第 2 条裂缝延伸阶段，此阶段逐步增加排量，使第 2 条裂缝充分延伸，方便实验后的裂缝识别。*G* 点后为压降测试阶段。实验完成后，将岩样沿最小主应力方向（垂直于裂缝延伸方向）切开（图 6－81），并通过激光扫描重构岩样内部结构（图 6－82），均表明实验过程中形成了两条

裂缝，证实了暂堵分层分段改造的可行性。为了判断裂缝开启顺序，暂堵前后在压裂液中添加了不同颜色示踪剂，根据示踪剂可知下层割缝段先被压开，然后压开上层割缝段。

图6－81　实验岩样剖面图

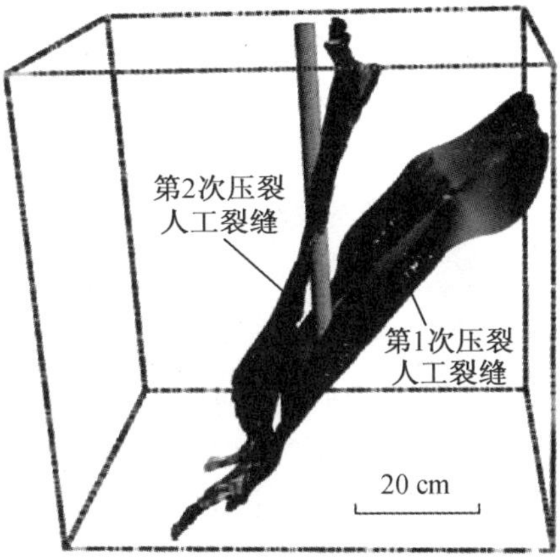

图6－82　实验后两条裂缝激光扫描构件图

(3)耐高温、高强度、可降解系列暂堵材料及性能评价

①耐高温、高强度、可降解系列暂堵材料

针对深井、超深井，通过化学暂堵方法分层分段改造的关键在于耐高温、高强度暂堵材料的开发，同时为保证改造后压开裂缝恢复导流能力，暂堵材料需要完全降解，避免对地层及裂缝造成伤害。现有的暂堵材料普遍存在耐温低与承压低的问题，例如：蜡球暂堵剂耐温 30～43 ℃，暂堵压力只有 3～5 MPa；油溶性暂堵剂耐温低，不能用于气藏；水溶性暂堵剂高温下溶解快，难以形成有效暂堵；泡沫暂堵工艺暂堵强度有限，配液、施工复杂，摩阻大，难以用于深井；胶凝酸和黏弹性表面活性剂转向酸耐温性能差，无法用于高温深井。因此需要研发适用于高温、高压深井改造的新型暂堵材料。

暂堵要求材料既能封堵储集层或裂缝，又可自行解堵，因此新型暂堵材料应具备可降解性能，一段时间内在热力学和动力学意义上均可自动降解、消失，且降解产物不应对储集层及环境造成污染。生物可降解材料来源于可再生资源，对环境友好，近年来得到快速发展。目前，常用的生物可降解材料包括聚乳酸、聚乙醇酸、聚丁酸丁二酯等，但聚乳酸机械强度不足，聚乙醇酸降解速度快，聚丁酸丁二酯降解速度慢且机械性能差，因此以上几种材料都无法用于高温、高压环境。由于酯键易进行非酶性水解，降解过程对环境要求低，是比较合适的分层分段暂堵材料。为了提高生物可降解聚酯类材料的热稳定性，本书使用聚乙醇酸、聚乳酸、聚丁酸丁二酯等预聚体合成新型可降解聚酯类材料，通过改变原料比例，调节材料的降解温度，以适应不同井底温度的降解需求。为了提高材料的机械性能，合成过程中添加含活性基团环氧基的扩链剂，以增加材料的分子量，同时添加纳米二氧化硅材料，进一步提高材料的机械强度，最终研发出耐高温、高强度、全降解纳米酯类暂堵材料，解决了暂堵材料承压强度与降解程度的平衡难题。与传统生物可降解材料相比，本书研发的可降解材料通过调节分子结构和添加纳米材料提高了耐温性和机械强度。为了适应不同的分层分段暂堵及转向改造需要，研究人员研发出暂堵球（直径 3 mm 以上）及大颗粒（直径 1～3 mm）、小颗粒（直径 1 mm 左右）、粉末（直径 0.15～0.25 mm，100～60 目）暂堵材料和暂堵片等系列耐高温、高强度、可降解系列暂堵材料，如图 6－83 所示。其中，暂堵球、大颗粒及小颗粒暂堵材料用于暂堵已压开裂缝层段的射孔孔眼，迫使改造工作液进入未压开层段，实现纵向分层分段改造；小颗粒、粉末材料用于暂堵已开启的裂缝，迫使其转向形成多分支裂缝，扩大平面上的改造范围。

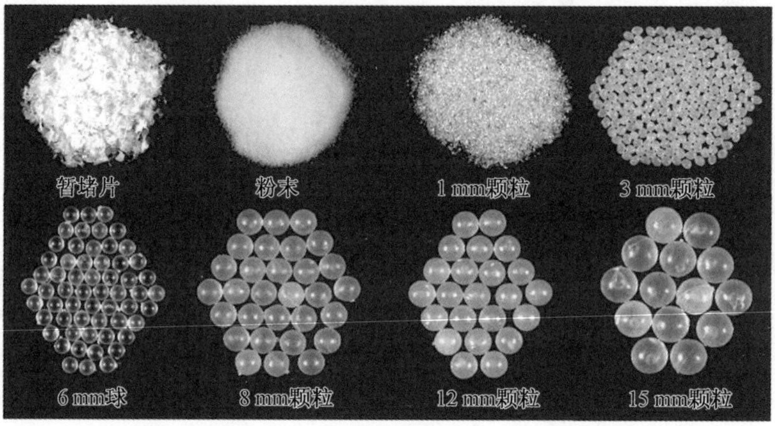

图 6－83　耐高温、高强度、可降解系列暂堵材料

②暂堵材料承压与降解性能评价

为了检验暂堵材料的承压能力，开展了暂堵炮眼大型矿场模拟实验。实验使用模拟炮眼球座及压裂泵车进行暂堵球暂堵强度测试，结果（表 6－28）表明，暂堵球封堵炮眼后，可承压 50～70 MPa，变形率不超过 1.5%。同时，开展了室内高温暂堵强度测试，结果表明，150 ℃时暂堵球暂堵承压可达到 30 MPa 以上（图 6－84），粉末、大/小颗粒暂堵材料承压可达 20 MPa 以上（图 6－85），均能形成有效暂堵（一般有效暂堵压力在 20 MPa 以内）。

表 6－28　暂堵球承压能力矿场模拟实验结果

暂堵球序号	最大承压/MPa	实验前外径/mm	实验后外径/mm	变形率/%
1	52.20	11.90	11.88	0.17
2	70.00	8.48	8.48	0
3	55.40	11.88	11.70	1.50

降解实验测试表明，暂堵材料均可在高温下实现完全降解。在 150 ℃水中，暂堵材料可在 2.5 h 左右完全降解（图 6－86）；酸液会加快暂堵球或暂堵颗粒的降解过程，150 ℃时暂堵球在酸液中只需要 2 h 左右即可完全降解（图 6－87），最终降解率都达到了 99% 以上，降解产物可以完全溶于携带液中，无配伍性问题。同时，降解产物中的纳米材料由于加量小（小于 0.5%）、尺寸小，易于随液体返排，不会对地层和裂缝造成污染。

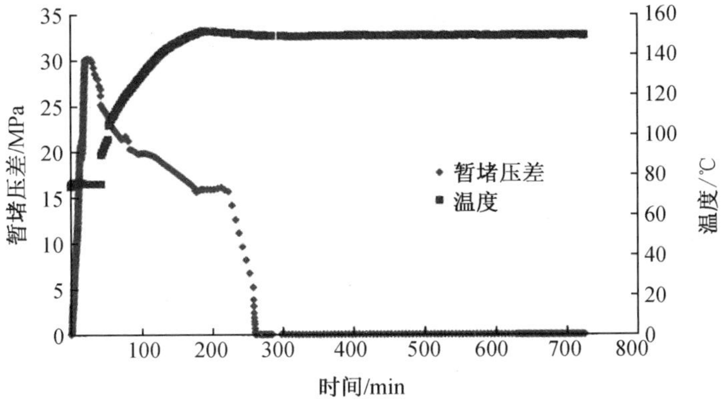

图 6-84　室内暂堵球承压测试结果

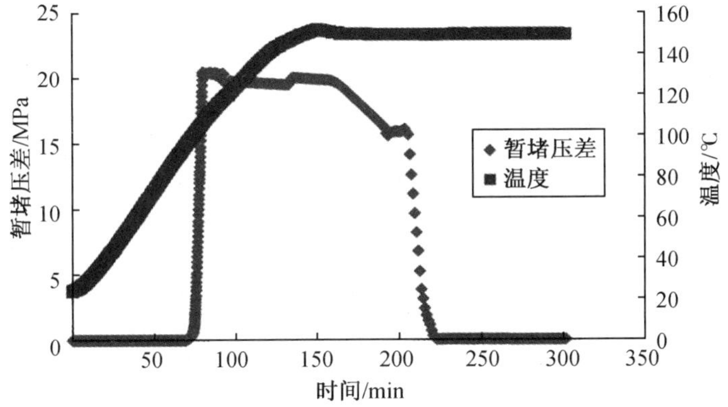

图 6-85　室内暂堵颗粒及粉末承压测试结果

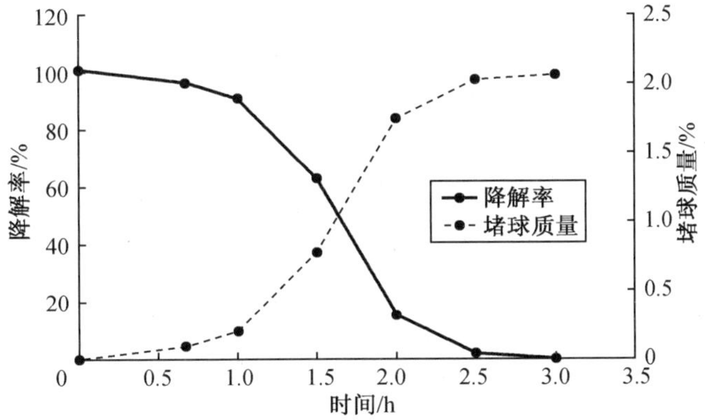

图 6-86　暂堵材料水中降解曲线(150 ℃)

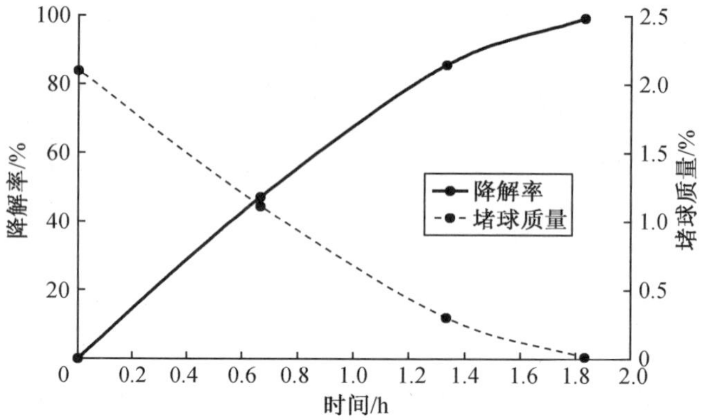

图 6-87　暂堵材料在 15%HCl 溶液中的降解曲线(150 ℃)

(4)工艺方法

①暂堵炮眼纵向分层分段改造工艺

对于套管完井的长井段储集层,先根据测井解释对产层进行分簇射孔。储集层改造时,先对整个井筒实施一次笼统改造。第 1 次改造后天然裂缝发育的薄弱层段会首先开启裂缝,提高该层段吸液能力,随后向改造液中投入暂堵球和大/小颗粒暂堵材料,改造液会优先将暂堵材料带入裂缝开启层段的射孔孔眼内,大/小颗粒将进入孔眼内部进行桥堵,暂堵球将坐封于套管壁上的孔眼入口处,从而降低已压开层段射孔孔眼的进液能力,迫使改造液转向进入其他未压开的层段。重复该过程,可实现纵向上分层分段改造。改造完成后,封堵炮眼的暂堵材料在高温作用下会完全降解,以恢复油气流动通道,无须返排,且保持井筒完整,不会对后续作业带来障碍。

②缝内暂堵平面转向改造工艺

首先在地层中压开一条裂缝,继续大排量注入压裂液保持其张开状态,随后向改造液中加入小颗粒、粉末和纤维暂堵材料,改造液会优先将暂堵材料带入张开裂缝内部。由于裂缝内部壁面粗糙,小颗粒在向裂缝内部运移过程中会产生桥堵,进而不断聚积成堆,同时进入裂缝的粉末及纤维会被小颗粒骨架阻挡并充填于小颗粒骨架孔隙中,形成高强度暂堵屏障,阻止改造液继续流入开启裂缝中。此时裂缝内部液体压力会快速上升,当压力超过了现有裂缝壁面的抗张强度之后,就会在新的位置开启分支缝。这个暂堵—升压—破裂过程在主裂缝不同位置甚至分支缝中重复产生,将原有的单一裂缝复杂化,形成多分支结构,大幅度扩大平面上的改造范围。改造完成后,所有堆积于裂缝内部的暂堵材料会在高温下完全降解,不会对储集层及裂缝造成伤害。

2. 现场应用效果

(1)总体应用情况

该技术已在中国 10 个深层油气田工业化应用 211 井次,其中最大井深 7 780 m、最高温度 191 ℃,施工成功率 100%,改造有效率 95.6%。根据塔里木盆地某区块改造效果统计结果(图 6-88),采用本书技术改造后平均单井增产是常规笼统改造技术的 3.5 倍,增产效果显著。该技术通过化学暂堵方法实现了深井、超深井“纵向分层,缝内转向”的高效改造,节省了大量的耐高温、高压封隔工具费用，规避了工具分层分段改造的巨大风险，为高温、高压、深层、超深层油气藏的安全经济高效增产改造提供了技术保障。

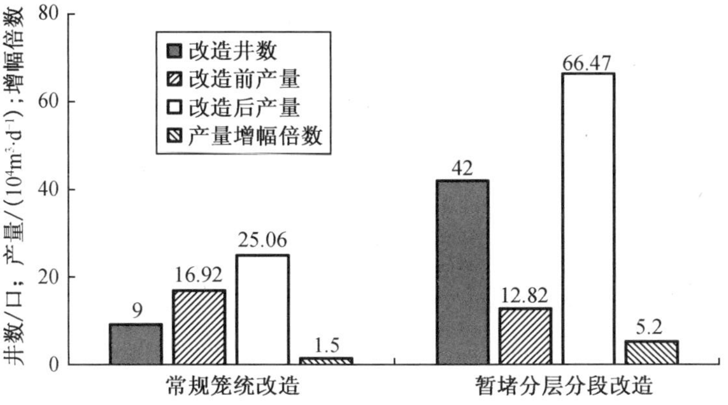

图6－88　改造效果统计对比

（2）典型实例

克深××井是塔里木盆地的一口开发井，设计井深7 095 m，目的层白垩系巴什基奇克组。该井地层温度172 ℃，地层压力122 MPa。产层段（6 968～7 060 m）分8段射孔，总跨度92 m。该井由于产层厚度相对较小，改造施工按两段设计。第1段压开裂缝后，投入1 mm暂堵颗粒和粉末，进行缝内暂堵转向，扩大平面改造范围，暂堵颗粒及粉末到达井底后，地面施工压力由73 MPa升高至83 MPa，缝内转向压力达到10 MPa，说明实现了转向改造；第1段施工结束后，投入8 mm暂堵球＋3 mm暂堵颗粒＋1 mm暂堵颗粒，对已压开层段的射孔孔眼进行暂堵，当暂堵球和暂堵颗粒到达井底后，地面施工压力由83 MPa升高至99 MPa，暂堵分段压力达到16 MPa，说明实现了分段改造。该井改造前油压91.7 MPa，日产气154 769 m^3；暂堵分段与缝内转向改造后油压92.34 MPa，日产气651 356 m^3，取得了良好的改造增产效果。

3.应用结论

本书针对中国深层油气藏的特点，提出采用化学暂堵方法实现分层分段与缝内转向改造、提高储集层改造体积的技术思路，并通过室内实验和现场试验证明了技术的可行性和有效性。通过添加纳米材料，改进分子结构，解决了暂堵材料承压强度与降解程度的平衡难题，研发出耐高温、高强度、可降解纳米酯类系列暂堵材料；研究了纵向暂堵分层分段与平面暂堵转向改造工艺方法，最终形成了暂堵转向高效改造增产技术，解决了高温、高压深层油气藏机械工具分层分段改造风险大、施工成本高的问题。该技术已在中国10个深层油气田工业化应用211井次，增产效果显著，为深层、超深层油气藏安全经济高效增产开辟了一条新的途径。

参 考 文 献

[1] 俞启泰.关于剩余油研究的探讨[J].石油勘探与开发,1997,24(2):46-50.

[2] 王文祥.确定剩余油的测井技术[J].世界石油工业,1995,2(4):37-42.

[3] 刘丁曾.多油层砂岩油田开发[M].北京:石油工业出版社,1986.

[4] 中国石油学会.陆相碎屑岩油田开发[M].北京:石油工业出版社,1988.

[5] 谭廷栋.水驱油田剩余油的测井技术[J]. 中国海上油气(地质),1995,9(6):421-427.

[6] 韩大匡,桓冠仁,谢兴礼.非均质亲油砂岩油层层内油水运动规律的数值模拟研究[J].石油学报,1980,1(3):33-48.

[7] 李鹏华,李兆敏,赵金省,等.多段塞平行聚能提高聚合物驱后采收率实验研究[J].石油学报,2010,31(1):110-113.

[8] 宋考平,聂洋,邵振波,等.聚合物驱油藏剩余油饱和度分布预测的 φ 函数法[J].石油学报,2008,29(6):899-902.

[9] 高艳.北二西东块聚驱后剩余油潜力评价及分布规律研究[D].大庆:大庆石油学院,2009.

[10] 张继成.聚合物驱后剩余油识别方法及其分布规律[D].大庆:大庆石油学院,2008.

[11] 胡胜男.萨尔图油田北一区断西聚驱前后检查井水洗规律研究[J].长江大学学报:(自然科学版),2013,10(8):85-87.

[12] 李洁,谭艳宜.用岩心磨片荧光分析研究聚合物驱后剩余油微观分布:以大庆油田葡I组为例[J].油气地质与采收率,2004,11(6):64-66.

[13] 宋考平,王立军,何鲜,等.单层剩余油分布及动态指标预测动态劈分法[J].石油学报,2000,21(6):122-126.

[14] 杨敏.聚驱后续水驱开采指标预测方法研究[D].大庆:大庆石油学院,2006.

[15] 冯玉良.聚合物驱动态预测及其评价研究[D].南京:南京理工大学,2010.

[16] 刘丽.聚驱后剩余油分布规律及挖潜措施[D].大庆:大庆石油学院,2005.

[17] 贾振岐,吕大伟,汪忠兴.三元复合驱油试验区块含水率和产油量的预测[J].油气田地面工程,2009,28(3):18-20.

[18] 王朋珍.油井增产措施多目标优化系统[J].油气田地面工程,2010,29(2):59-60.

[19] 冯其红,陈月明,姜汉桥,等.模糊数学在区块整体调剖选井中的应用[J].石油勘探与开发,1998,25(3):76-79.

[20] 李宜坤.区块整体调剖的PI决策技术研究[D].北京:中国石油大学,1996.

[21] 侯风华,张在旭,欧阳燕妮.油田增产措施优化方法[J].石油大学学报(自然科学版),2000,24(6):86-90.

[22] 李道品.低渗透砂岩油田开发[M].北京:石油工业出版社,1997.

[23] 程松林.高等渗流力学[M].北京:石油工业出版社,2011.
[24] 穆文志,宋考平,杨二龙.水驱油过程中浮力对油滴运移的影响[J].中国石油大学学报(自然科学版),2008,32(2):82-85.
[25] 黄斌.变渗流阻力体系驱油提高采收率实验研究[D].大庆:东北石油大学,2013.
[26] 宋考平,任刚,夏惠芬,等.变黏度驱提高采收率方法[J].大庆石油学院学报,2010,34(5):71-74.
[27] 杨清彦,李斌会,周英芳,等.聚合物驱相对渗透率曲线计算方法研究[J].石油学报,2010,31(2):294-297.